SAS・特殊部隊

図解 追跡捕獲 実戦マニュアル

SAS AND ELITE FORCES GUIDE
MANHUNT
THE ART AND SCIENCE OF TRACKING HIGH PROFILE ENEMY TARGETS

アレグザンダー・スティルウェル　角敦子［訳］
Alexander Stilwell　Atsuko sumi

原書房

SAS・特殊部隊

図解追跡捕獲実戦マニュアル

★

目次

■ケーススタディ1(1)：史上最大の追跡——ビン・ラディンの捜索　第1部　2
テロリストの巣窟　2　「不朽の自由」《エンデュアリング・フリーダム》作戦　3
トラボラ　5　尋問　8　ラムジ・ビン・アルシブ　8
コラム①　トラボラ　6
コラム②　オサマ・ビン・ラディンの経歴　9　タイムライン　11

序章　12

追跡と隠密行動　13　**伝統的な技能**　15　**ヨーロッパ人の追跡者**　17
追いつめられたビン・ラディン　17
コラム①　狩猟　14　追跡　16　矢尻　18　ボーイスカウトの追跡　19
隠密行動の訓練　20　セルース・スカウト　22　徽章《きしょう》　23

第1章　訓練　26

特殊部隊の訓練　28
SAS　44　米海軍特殊部隊シールズ　53
追跡　56　**追跡回避**　61　**敵手脱出**　64
敵地脱出　70
ナビゲーション　70
追いつめられたビン・ラディン　53
コラム①　GPSの利用　28　イラクサ茶　34　水のある場所　36
狙撃訓練　38　待ち伏せ攻撃の訓練　40　選抜訓練　42　徽章　44
ジャングルの訓練　45　耐久テクニック　48　溺死防止訓練　51
ヘル・ウィーク　52　負傷者の追跡　54　靴跡　55　足跡の隠蔽《いんぺい》　56
ダブル・トラッキング　58　追跡者をまどわす　60　脱走　66
フェンスをのりこえる　68　時計によるナビゲーション　71　北極星　72
南十字星によるナビゲーション　73　影から時間と方位を知る方法　74
火鑽《ひすき》　76　錐《きり》もみ　77　手製コンパス　78
コラム②　一般的な避難キットの品目　30　万能食用テスト　32
スコット・オーグレディ　35　ブラヴォー・ツー・ゼロ　46
脱出用地図とコンパス　62
米陸軍フィールド・マニュアル——回避・敵地脱出　65　火　75

■ケーススタディ２：伝統的手法の追跡　80
娘を救出したダニエル・ブーン　80　ジェロニモ　80
ラインハルト・ハイドリヒと特殊作戦執行部（SOE）　81
クレタ島のクライペ将軍拉致　86　ボルネオのSAS　87
コラム②　タイムライン　89

第２章　野外追跡の基本　90

追跡者の思考　91
ストーキング（静粛歩行《せいしゅく》）と隠密行動　101　カムフラージュと隠蔽　101
移動　118　臭い　120　習癖　120　影　122
痕跡　123
地表痕跡　123　上方痕跡　127
足跡　127
足跡の識別とその意味すること　127　歩行と走る動作　130
追跡の手がかり　136
追いつめられたビン・ラディン　107
コラム①　自然に対する感覚　92　街を歩く　94　体力的な試練　96
手がかりの捜索　97　シカの警戒　100　MARPAT　101
影への配慮　102　ヘルメットのカムフラージュ　105
全地形型迷彩（MTP）　106　注意を引くもの　108
肌のカムフラージュ　110　溶けこむ　112
ギリー・スーツを着用した狙撃手　114　移動で運ばれたもの　119
さまざまな足跡　120　足跡の測定　123　人の足跡　124
バックトラッキング　126　複数の足跡の判定　128　視点を変える　130
コラム②　スコットランドのギリーとロヴァット・スカウト　98
ギリー・スーツ　115　追跡棒　116　痕跡を見失ったときの手順　132

■ケーススタディ３：ユーゴスラヴィア紛争の戦犯捜索　138
「タンゴ」作戦　139　ヴラトコ・クプレシッチ　140
スタニスラヴ・ガリッチ　140　カラジッチとムラディッチ　143
コラム②　タイムライン　142

第3章　市街地の追跡と監視　144

市街地の追跡　145
市街地の追跡回避　149　犬を使った市街地の追跡　150
犯行現場の捜査　150
市街地の監視　154
張りこみのテクニック　162　尾行　164　尾行車　175
徒歩での監視　187　公共交通機関での尾行　192
追いつめられたビン・ラディン　146
コラム①　市街地の足跡　147　追跡犬　148　犯行現場　151
指紋の採取　152　足型の採取　155　足型の大きさの測定　156
人目につかない張りこみ　158　尾行　164　尾行時の捜査員　167
周囲に溶けこむ　168　FBIの尾行用改造車　172　隠しカメラ　174
FBIの張りこみ戦術　176
フローティング・ボックス（箱型移動）テクニック　178
曲がり角　180　公共の交通機関での尾行　186
標的を見失わない　188　尾行の引き継ぎ　190
コラム②　犬の追跡をふりきる　149　隠れ家　160
シェイク・アブー・アフマド――オサマ・ビン・ラディン発見のための重要人物　163　監視に必要な道具　170　尾行車の隠密性　175
ロンドン警視庁公安部などのイギリスの機関で使われている略号　182

■ケーススタディ4：サッダーム・フセインの探索　194
タスクフォース20　194　エリック・マドックス軍曹　195
フセイン発見　199
コラム①　地下で発見　196　フセインの潜伏場所　200
コラム②　タイムライン　198

第4章　ハイテク　202

目視監視　203
航空監視　206

無人航空機　209　　衛星監視　212
信号情報（SIGINT、シギント）　212　　アメリカの情報機関　216
イギリスの情報機関　219　　人的情報（HUMINT、ヒューミント）　223
判断　228
尋問　235
追いつめられたビン・ラディン　209
コラム①　警察 CCTV の映像　204　　熱画像　205
E-3「セントリー」早期警戒管制機　206　　UAV　208
MQ-9「リーパー」　210　　監視衛星　213
「サイドワインダー」ミサイル　214　　地球規模の監視　216
報告の提出　218　　米情報機関の徽章　221　　MI5 の徽章　222
人的情報　224　　地元住民との交流　226　　外交　229　　尋問　230
水責め　234　　感覚遮断　236　　拷問　238
コラム②　CIA 特殊活動部隊の特殊作戦グループによる UAV 攻撃　214
CIA 特殊活動部隊　220　　カダフィ大佐の捜索　223
捕虜と尋問にかんするジュネーヴ条約（第３条約）の条項　232
尋問官の個人的資質——米フィールド・マニュアル FM34-52　241

■ケーススタディ５：アブー・ムサブ・アルザルカーウィの捜索　244
タスクフォース 145　244　　尋問テクニック　245
アルザルカーウィの抹殺　247
コラム①　目標への攻撃　248
コラム②　タイムライン　250

第 *5* 章　**接触！**　252

予測しながら標的を追う　253
追跡犬　255
犬の回避　266
最終接近　268
中腰でのストーキング（静粛歩行）　270
高姿勢匍匐《ほふく》　271　　低姿勢匍匐　274

静止　274　環境音にまぎれる　274　物音をたてない　280
観察と待機　284　**接近ルートの計画**　286　**攻撃**　290
追いつめられたビン・ラディン　268
コラム① 接近ルートの計画　254　追跡犬　256　犬の回避　260
臭いの追跡　262　犬の追跡　264　犬の回避　266
ストーキング（静粛歩行）　272　音の低減　275　手信号　276
隠密監視　280　射撃陣地　282　最終接近　285　顔の迷彩　287
接近ルートの計画　288　特殊部隊の待ち伏せ攻撃　291
コラム② 服務規程——ロジャーズ・レンジャーズ（1736年）　258
犬の能力　263
ジャングルで先導する斥候と兵士のためのSAS規定（抜粋）　269

■ケーススタディ1(2)：史上最大の追跡——ビン・ラディンの捜索
第2部　294
シールチーム6　294　危機一髪　297　ビン・ラディンの殺害　300
コラム① ビン・ラディンの屋敷　298
コラム② タイムライン　301

付録：格闘術　302

生きのびるための戦い　303　**ナイフによる攻撃**　304
防御訓練　304　**基本原則**　304　**銃による攻撃**　305
防御の動き　308　**脅威のレベル**　308
コラム① バックハンドで斬りつけられたときの防御　305
喉にナイフをつきつけられたときの防御　306　武器をとりあげる　309
後ろから頭に拳銃をつきつけられたときの防御　310
後ろから背中に拳銃をつきつけられたときの防御　312

関連用語解説　314
索引　318

ケーススタディ1（1）

史上最大の追跡――ビン・ラディンの捜索 第1部

史上最悪の惨劇となった同時多発テロ。その首謀者オサマ・ビン・ラディンは最重要指名手配犯として、空前の規模で長期にわたる追跡を受けることになる。

2001年9月11日、アメリカの定期航空便4機が、イスラム教徒のテロリストによってハイジャックされた。乗っ取り犯のうち数人は、民間航空機を操縦する訓練を受けていた。そのうち2機が世界貿易センタービルのツインタワーに突っこみ、1機がアメリカ国防総省本庁舎に激突、1機が野原に墜落した。ニューヨーク市の救助隊員および警官は、消火活動と生存者の救出のために、勇敢にもツインタワーに飛びこんでいった。が、航空機が突入したすさまじい衝撃のため、やがて南北の棟があいついで崩壊し、消防隊員343名と警官23名が犠牲になった。

アメリカ政府は早い段階でテロ攻撃の実行犯を特定し、オサマ・ビン・ラディンとアルカイダもそれと前後するように犯行声明を出した。国連安全保障理事会は国連決議1368号（2001年）を採択し、「このような攻撃を行なった実行犯、テロ組織およびその擁護者に迅速な法の裁きをもたらすために、すべての国家に協力」を要請するとともに、「こうした行為の実行者、組織、後援者に援助や支援を与え、またはかくまう者は、かならずや責任を問われるだろう」と強い決意を表明した。

賽《さい》は投げられた。あとはただ、オサマ・ビン・ラディンとその一味を発見するだけだ。

テロリストの巣窟

アラビア語で「基地」を意味するアルカイダは、1980年代後半にオサマ・ビン・ラディンによって創設された。1979～1989年、アフガニスタンはソ連の占領を受けていた。このテロ組織は、その当時ソ連軍を相手に武力闘争を展開したゲリラを集めて発足している。

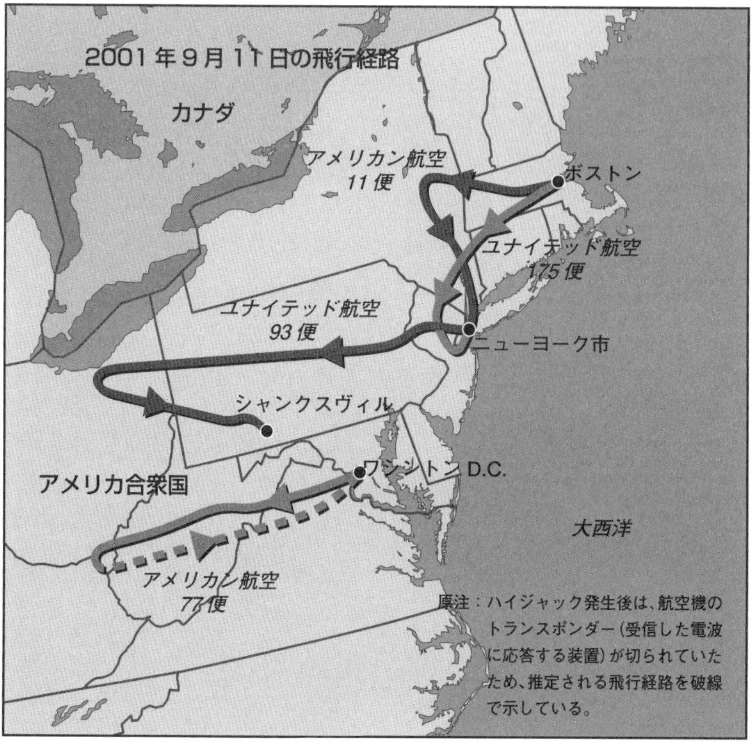

2001年9月11日に、乗っとられた悲運の4機がたどった飛行経路。

一方、1996年頃からアフガニスタンを実効支配していたタリバン政権は、女性を公共の場から排除するなど、極端に原理主義的な政策を敷いていた。9・11同時多発テロ後、タリバンはアルカイダをかくまって、オサマ・ビン・ラディンの引き渡しに応じなかった。タリバン滅亡のカウントダウンは、そのときすでに始まっていたのである。

「不朽の自由《エンデュアリング・フリーダム》」作戦

オサマ・ビン・ラディンの捜索が開始された。が、それはより広範な「テロとの戦い」の一部であり、まずはアフガンのタリバン政権への攻撃から手がつけ

イスラム教徒のテロリストがコックピットに押し入って、航空機を乗っとった。

られた。アメリカは、ソ連の二の舞いをふむまいと、通常戦力の大部隊を侵攻させずに、特殊部隊をまっ先に投入した。その先鋒となった第5特殊部隊グループ（空挺）は、統合特殊作戦タスクフォース（TF）ノース、別名TFダガーの構成部隊である。そして同じくTFダガーの第160特殊作戦航空連隊が、その支援についた。またそれとほぼ同時期に、SAS（イギリス軍特殊空挺部隊）の分隊もアフガンに配備された。その目的はずばり、オサマ・ビン・ラディンとアルカイダの捜索である。

ひとりの人間を見つけだすにしても、その捜索範囲は広大で、アフガンの山岳地帯や山道は険しく人を寄せつけない。難航が予想された。さらにやっかいなことに、ソ連の占領中に洞窟を結んだトンネル網ができあがっていた。その費用の一部は、米CIAから出ている。おかげで地上に出ずにトンネルからトンネルへと移動して、姿をくらませることも可能になっていた。

トラボラ

峻厳《しゅんげん》な地形にはばまれながらも、連合軍はオサマ・ビン・ラディンの潜伏候補地を、トラボラと呼ばれる地域にまで絞りこんだ。トラボラはアフガン東部の洞窟群がある地域で、ハイバル峠からも近い。情報部によると、この洞窟群は事

トラボラ

トラボラの洞窟群は、オサマ・ビン・ラディンの潜伏先だと考えられていた。連合軍による洞窟への攻撃中に、ビン・ラディンは逃亡したとみられている。

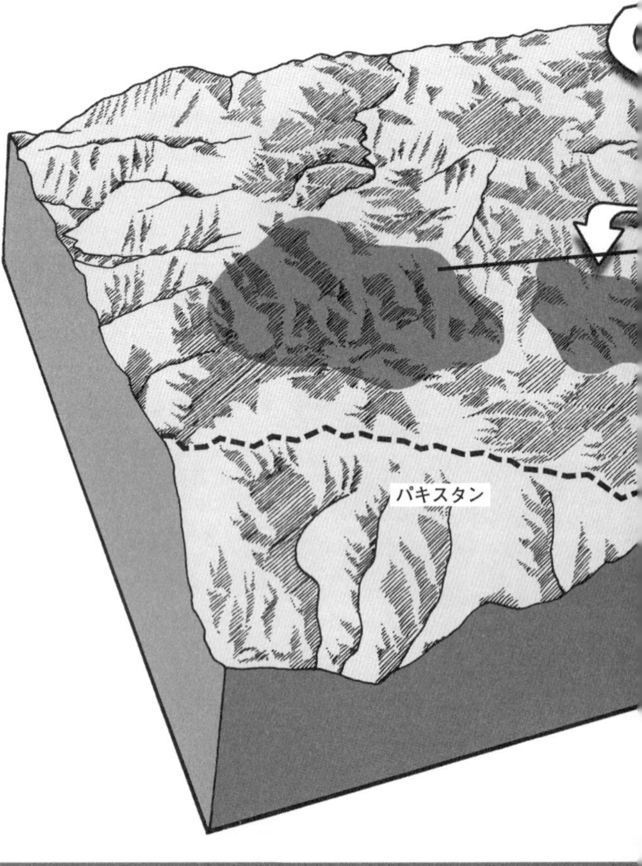

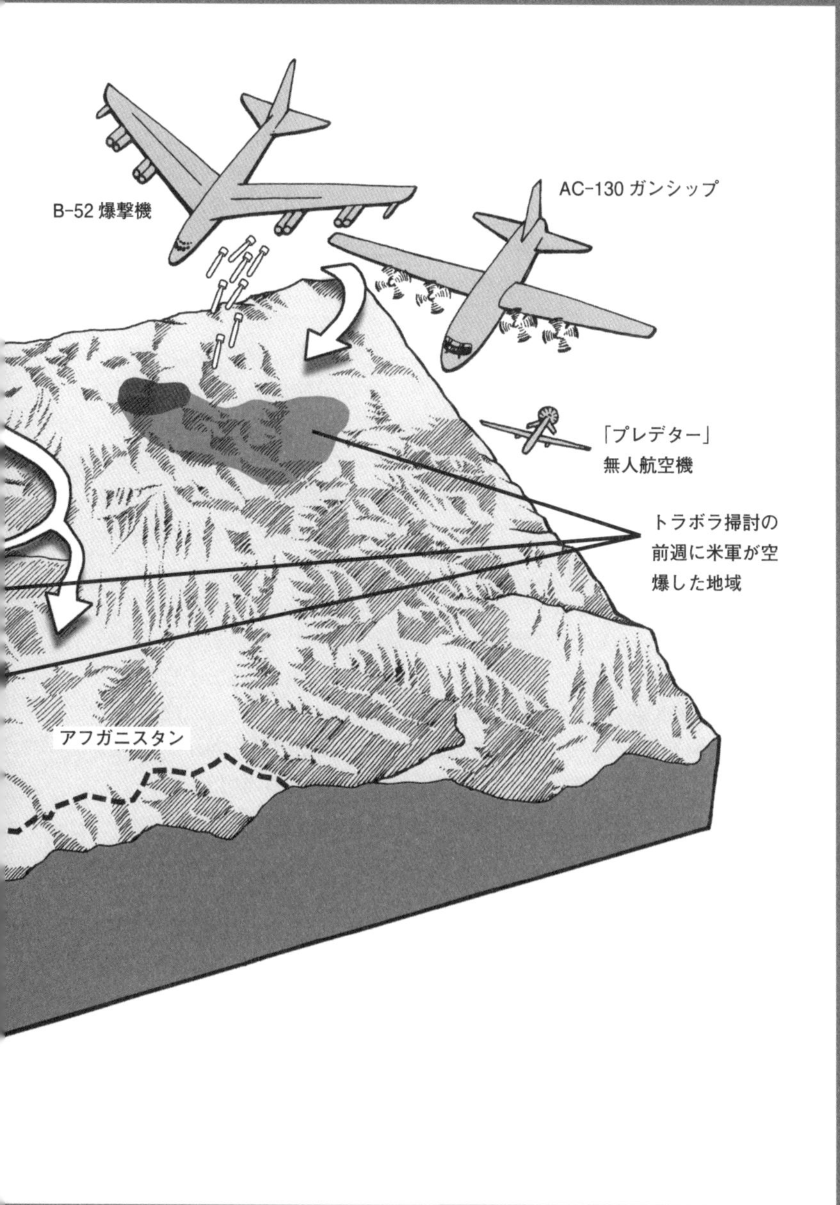
B-52 爆撃機
AC-130 ガンシップ
「プレデター」
無人航空機
トラボラ掃討の
前週に米軍が空
爆した地域
アフガニスタン

実上の地下都市となっており、電力をそなえた居住スペースがあるほか、膨大な量の弾薬やミサイルが蓄えられているはずだった。

米英の特殊部隊は同時にこの地域に入り、偵察や航空攻撃の誘導を行なった。がそこには、アフガン民兵をともなった、米軍の地上戦闘部隊も居あわせていた。作戦のこの段階の対応が論議を呼んでいる。アルカイダはあきらかに劣勢で、退却しようとするそのときに、地元のアフガン民兵軍の指揮官に休戦をもちかけてきた。オサマ・ビン・ラディンと側近がトラボラからひそかに逃げだして、パキスタンの国境に向かったのが、この交渉中だったという見方が多い。

トラボラの攻防のあとも捜索は続けられた。諜報活動は、アルカイダの捕虜への尋問や通信傍受から得られた情報などをもとに展開された。たとえば2005年末には、アルカイダの主要メンバーからテロリストの訓練キャンプの指揮官にあてられた書簡から、ビン・ラディンがワジリスタンにいると推定されたが、その後の情報をもとに捜索の焦点はパキスタン北部のチトラール地方へと移された。こうした地域はどこも山ばかりで、政府に従わない軍閥によって支配されていた。そこに送りこまれたパトロール隊は、案の定手ぶらで帰ってきた。

尋問

そのため行なわれた情報収集でとくに問題視されたのが尋問なのだが、厳密にいうと、尋問の過程でとられた手段が問題だったのだ。

圧力に屈して、決定的な情報を自白したと伝えられるアルカイダの拘留者の中に、ハリド・シェイク・ムハンマドがいる。ムハンマドは、アルカイダの仲間についての詳細情報を完全に明かしたのではないが、何人もの呼び名を白状した。「アルクウェイティ」の名もその中にあった。集中捜索においての呼び名は、別の状況でも出てこなければ、手がかりとはならない。するとイラクでもうひとりのアルカイダの幹部、ハサン・グルが逮捕された。この人物から「アルクウェイティ」が重要人物であるだけでなく、ほかならぬアルカイダの作戦指揮官アブー・ファラージ・アルリービと昵懇《じっこん》の仲であるとの裏づけがとれた。

ラムジ・ビン・アルシブ

オサマ・ビン・ラディンは本命とはいえ、9・11以降の捜索は、当然この男にばかり集中して行なわれたのではない。メリーランド州フォート・ミードを拠点とするアメリカ国家安全保障局（NSA）のもとには、パキスタンにラムジ・ビン・アルシブがいるという情報が寄せられた。どうやら、ハリド・シェ

オサマ・ビン・ラディンの経歴

オサマ・ビン・ラディンは、1957年3月10日頃にサウジアラビアの首都リヤドで生まれた。父親は一代で財をなした億万長者で、ビン・ラディンの兄弟姉妹の数は50人にもおよぶ。父親のムハンマド・ビン・ラディンは、52回の結婚を繰りかえしたが、それでも一度に抱えた妻の数は4人にとどまっていた。オサマは、イスラム教のなかでも厳格なワッハーブ派の教えを受けたあと、イスラム的社会改革をめざす政治結社、ムスリム同胞団に入団した。そしてイスラム教にますます傾倒し、ソ連のアフガニスタン侵攻に反発して、ジハード（「聖戦」）を呼びかける声に賛同を覚えるようになった。

イラン革命では、西洋化された独裁政権に代わって急進的なイスラム国家が誕生した。オサマはこの革命にも感銘を受けている。とはいえ、メッカのモスクが過激派に占拠されたとき、サウジアラビア政府がとった対応策にはおおきく失望した。政府はフランスの特殊部隊の力を借りてやっとのことでモスクを奪還したのだ。湾岸戦争中にサウジ政府が、大人数の米軍兵士を自国の領土に駐留させたのも受けいれがたかった。

1998年、ビン・ラディンの差し金でナイロビ（ケニア）、ダルエスサラーム（タンザニア）で米大使館が爆破され、224人が犠牲になった。2000年にはイエメンのアデン港で、米艦艇の駆逐艦「コール」が自爆テロの標的になり、17人の米海軍軍人が死亡、39人が負傷した。

こうした一連の攻撃は、2001年9月11日のニューヨーク、ワシントン同時多発テロの序章だったことが、やがて明らかになる。

イク・ムハンマドと行動をともにしているらしい。ラムジ・ビン・アルシブは、9・11同時多発テロを画策した中心人物で、テロの直前は仲介者としての役目を果たしていた。

密告を受けたNSAはただちに、静止衛星網などからこの地域の膨大な電子データを集めた。ビン・アルシブがうかつにも衛星電話を使ったため、NSAの解析は容易になった。通話内容の盗聴はもちろん、シギント（SIGINT、信号情報）衛星の軌道を修正して、衛星電話の地理的な位置をピンポイントでつかむことも可能だった。パキスタンの軍統合情報局（ISI）にもこの情報は知らされた。2002年9月11日、CIAのSAD（特殊活動部隊）の協力を得たISIがビン・アルシブを発見し、銃撃戦のすえにとり押さえた。

携帯電話の通信傍受から、アメリカはアブー・ファラージ・アルリービの尻尾もつかんだ。アルリービの逮捕に向かったのは、パキスタンの特殊部隊とCIAのSADである。2005年5月2日、パキスタンのマルダーン近郊で両部隊の待ち伏せを受けたとき、アルリービはバイクの後部座席に乗っていた。尋問されるとアルリービは、ハリドの拘束後に密使から連絡を受けて、ハリドの後任に昇格されたと白状した。アルリービはアルカイダの最高幹部だったため、情報工作員はその密使がオサマ・ビン・ラディンからの直接の指示を伝えたのだろうと推測した。もしそれがあたっているなら、密使を割りだして追跡すればビン・ラディンにたどり着くだろう。

密使の素性をつきとめるために、膨大な量の諜報資料の照会が行なわれた。また新たな情報を求めて、キューバのグアンタナモ湾収容キャンプで尋問による調査が行なわれ、情報が吸いあげられた。だが2007年には、米情報部はひとりの人物に的を絞っていた。シェイク・アブー・アフマド、ビン・ラディンが誰よりも信頼を寄せる副官である。アブー・アフマドはハリドと親しく、9・11テロにも関与していた。別のアルカイダ・メンバーの電話をたまたま盗聴したときに、通話相手がこの人物だったのである。情報工作員はいまや、アブー・アフマドのおおざっぱな所在をつかんでいた。人物の特定に成功すると、地上偵察員が監視に張りつき、無人航空機や衛星などのハイテク資産が投入されて、この人物の追跡が開始された。だがそれではたして、ビン・ラディンという本星の捕縛につながるのだろうか…。

タイムライン

1957年　サウジアラビアのリヤドで、オサマ・ビン・ムハンマド・ビン・アワド・ビン・ラディンが生まれる。

1988年　アフガニスタンで、イスラム過激派の中心的機関としてアルカイダ（「基地」の意）が組織される。メンバーとなった者は、アメリカとイスラエル、およびその同盟国を敵視していた。

1996年　ビン・ラディンがスーダンからアフガニスタンに移る。ここで彼は、全米軍関係者を敵とするファトワー［イスラム法学者が発する勧告］を、世界中の支援者に向けてファックス送信した。

1998年　ケニアとタンザニアの米大使館でトラック爆弾が爆発し、12人のアメリカ人を含む224人が死亡。ビン・ラディンが、FBIの最重要指名手配者リストのトップテンにくわえられる。

2001年9月11日　午前8時46分と午前9時3分　世界貿易センタービルの北塔と南塔に、2機の航空機が激突。午前9時37分、3機目がアメリカ国防総省本庁舎に突っこんだ。午前10時3分、4機目が野原に墜落。

2001年10月7日　米英の空爆で、アフガニスタン紛争が始まる。

2001年12月12～17日　トラボラの戦い。この洞窟群にオサマ・ビン・ラディンが隠れているとみられていた。

2002年9月　衛星テレビ局アルジャジーラが、粗悪なテープを流して、ビン・ラディンの声だと主張。テープの内容は「歴史の流れ」を変えたとして、9・11の実行犯を賞賛するものだった。

2002年9月11日　ニューヨークとワシントンを襲った9・11同時多発テロで、計画の実行を助けた人物、ラムジ・ビン・アルシブがパキスタンのカラチで逮捕される。

2002年11月　ケニアのリゾート地モンバサのパラダイス・ホテルで、自動車による自爆テロが起こり、5人が死亡、80人が負傷。アルカイダが犯行を認めた。

2003年3月1日　ハリド・シェイク・ムハンマドが、パキスタンのラワルピンディでパキスタン軍統合情報局（ISI）によって逮捕される。

2005年5月2日　アルカイダ指揮系統のナンバー・スリー、アブー・ファラージ・アルリービが、ISIとCIAの特殊活動部隊（SAD）によって逮捕される。

長時間にわたる訓練と準備が、軍の集中捜索《マンハント》を成功に導く。

序章

組織的な捜索と追跡が行なわれる集中的捜索《マンハント》。通常追われる身となるのは、行方をくらましている犯罪者だ。目的達成のために投入される追跡技術は、原始的な狩猟の技能から衛星監視などのハイテク機器にいたるまで、さまざまなレベルにおよぶ。本書では、追跡で用いられる多様な手段を紹介するとともに、それらがサッダーム・フセインやオサマ・ビン・ラディンなどの重要人物の捜索において、いかに応用されたのかを見ていく。

集中捜索では、何千年もかけてあみだされてきたテクニックが用いられる。こうした技能は代々伝わる狩猟の手段として今もさまざまな先住民族に使われており、ボーイスカウトや軍隊でも教えられている。

追跡と隠密行動

追跡テクニックは、集中捜索の中心的な技能であり知識体系である。このテクニックは食糧にする獲物を発見するため、といういたって根本的な理由から、有史以前から何千年もかけて活用され、発達してきた。動物の足跡の見分け方やその居場所を示す手がかりの読み方も、はじめは鋭い直感から会得されたのだろう。そうした知恵は素朴だが要点を伝える形の教育で、次世代に伝授された。追跡が首尾よく進めば、いずれは食べるために動物を殺すことになり、狩りは完了する。

狩猟

集中捜索で使われるテクニックの多くは、アフリカ南部のサン人など、狩猟民族が獲物探しで用いるテクニックとよく似ている。

地面と周囲の環境の痕跡を読む技能については、あとで詳しく述べるが、追跡者はそれと対局にある隠密行動のテクニックも習得しなければならない。足跡をうまくたどれても、動物を脅かして逃してしまったら意味がないだろう。同じことが人の捜索についてもいえる。標的には、つけられていることや捕獲が迫っていることを悟られずに、うまく追跡する必要がある。いよいよ最終接近の局面になったら、技巧をこらして不意打ちをくらわせる。さもなければ、標的に逃げる隙を与えてしまう。だが本書でとりあげている最終段階のテクニックを活用して標的に接近すれば、追跡者は姿を見られずに、獲物を捕まえるかとどめを刺すことも可能なのだ。

伝統的な技能

人探しのための追跡テクニックのほとんどは、何千年も前に編み出されているが、今日でもその多くが原始的な生活をしている部族によって使われている。オーストラリアのアボリジニ、アフリカ南部のブッシュマン（サン人）、南北アメリカの先住民などは、こうした基本テクニックを今も生きた知識として記憶にとどめている。

ブルース・チャトウィンは著書『ソングライン』の中で、オーストラリアを縦横にめぐる謎の太古の道について書いている。この道は現代人の目には見えない。が、アボリジニ族にはわかる。昔から猟場としてきた場所で植物や岩、水たまりを識別する術を先祖から教わっていて、道を見つけることができるのだ。だがもしそこでほかの者が地図やコンパスをもたずにいたら、たちどころに迷って死んでしまうだろう。

アフリカ南部のサン人は、動物を追跡してしのびよるテクニックもさることながら、足の速い大型獣を、むりのない速度で走ってどこまでも追跡しつづける、という超人的な能力をもっている。そうして獲物が疲れはてるまで、途方もない距離を踏破するのだ。このことから、集中捜索の別の重要な要素が浮き彫りになる。へこたれずにやり抜く忍耐力である。たとえばオサマ・ビン・ラディンの捜索には、ゆうに10年近い歳月がついやされた。サン人でもうひとつ特徴的なのは、獲物の種類によって異なる毒を矢尻に塗っていたことだ。

それと同じように、人を追跡するときも標的ごとに適切な武器を選択しなければならない。サン人は、マラソンのような長距離の狩猟でよく知られているが、動物を落下させる罠作りの名人でもあった。カバもしとめられるほど巨大な落とし穴も掘っていた。その

追跡

伝統的な方法で獲物を追う者にとって、追跡の技能は必要不可欠だ。現代の追跡の手段は、このようなテクニックをもとに発達している。

中に木のとがった杭をしかけて、穴の上をおおっておくのだ。人間を捕縛するときも、罠をしかけるか罠にはめて待ち伏せ攻撃をするのが、最良の解決策だったりする。サン人は、ライオンのような肉食獣も追跡してしとめていた。情報部隊と特殊部隊も側近の動きを追って、テロの帝王オサマ・ビン・ラディンの潜伏場所をつきとめた。

追いつめられたビン・ラディン

シェイク・アブー・アフマドを追っていた地上偵察員は、アボッターバード郊外の高級住宅街にある、大きな屋敷に行き着いた。

ヨーロッパ人の追跡者

アフリカあるいはアメリカ、またはオーストラリアなどの南太平洋の島々やそれ以外の地域でも、入植したヨーロッパ人は追跡と狩りのテクニックをいちはやく吸収して、多くの場合、現地人に引けをとらないくらい熟達した。ヨーロッパ人は、マスケット銃［ライフリングのない先込め長身銃］など、現地の武器より進んだ武器をもちこんだため、新たな狩りの形が生まれた。米レンジャー部隊の名称の由来であるレンジャーズを名のり、戦場をレンジ(range)、すなわち探しまわり敵を追いつめる集団も現れた。ベンジャミン・チャーチ大佐（1639〜1718年頃）は、そうした最初の正式なレンジャー部隊を組織するにあたり、戦術にあえてアメリカ先住民の狩猟テクニックをとりいれた。

アフリカ南部で、ボーア戦争（1880〜81年、1899〜1902年）に挑んだイギリス人は、対峙《たいじ》するボーア人が恐るべき敵であるのを思い知らされた。ボーア人は、アフリカ南部に移住したオランダ人の子孫である。彼らが狩猟で会得したさまざまなテクニックは、戦争でも面白いほど役に立っていた。このようなテクニックの一部をイギリス人も覚えはじめ、ロバート・ベーデン＝ポーエルのように、相手のやり口で敵をうち負かす者も現われた。ベーデン＝ポーエルはこうしたアフリカでの経験から着想を得て、ボーイスカウト（スカウト運動）を立ちあげ、青少年が数々の野外のスキルにくわえて、獲物を追跡ししのびよる術を習得できる場を提供した。ただし彼がはじめてこうした経験をしたのはアフリカではなく、イギリスのサリー州ゴダルミニングだった。青年ベーデン＝ポーエルは、私立名門校のチャーターハウス・スクールを抜けだしては、教師の追跡をか

矢尻

さまざまな槍の穂先。ハンターが伝統的な手法で痕跡の追跡に成功したあと、獲物のとどめを刺すのに用いられる。

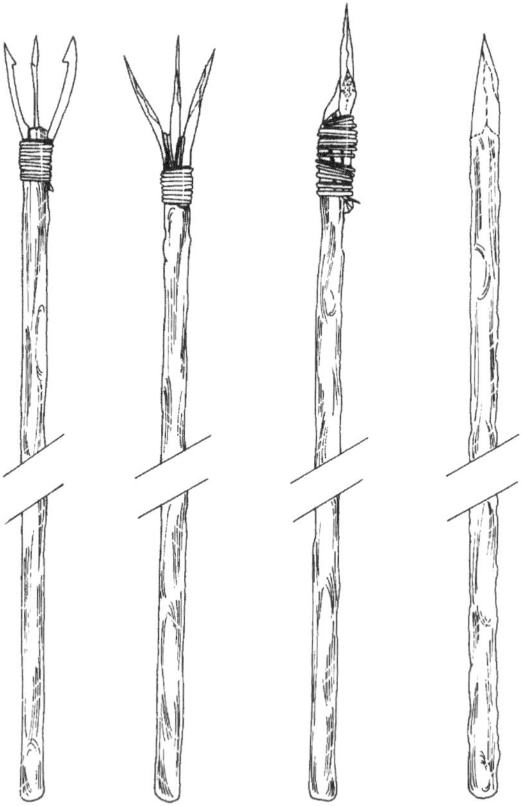

三叉《さんさ》型　骨製　木製

ボーイスカウトの追跡

ボーイスカウトの発足当時に活動の土台となったのは、アメリカ先住民など、伝統的な追跡手段を実践する人々から教えられたテクニックだった。

隠密行動の訓練

ボーイスカウトで教えられている隠密接近のテクニックは、先住民族の追跡や狩猟、軍隊で使われているテクニックとまったく同じものである。

わしながら、付近の森の中で狩りや獲物の料理を楽しんでいたのだ。

ベーデン＝ポーエルは軍人としてアフリカに赴任し、ズールー族と交わるあいだに、数多くの追跡と偵察のテクニックを身につけた。その後出会ったフレデリック・ラッセル・バーナムは、アパッチ戦争、シャイアン戦争において、米軍のために斥候または追跡者として働いた経験があった。西部の荒野が平定されたため、バーナムはその特異な才能をアフリカのイギリス軍のために役立てていた。彼の追跡の素晴らしい能力はアフリカ人にも知れわたっており、「暗闇でも見える男」と呼ばれていた。マタベレ族の悪名高き族長ムリモを追いつめた捜索でも、バーナムはその主要メンバーだった。イギリス軍は当時ムリモの待ち伏せ攻撃に悩まされていた。バーナムと仲間は、追跡と隠密行動のテクニックを駆使してムリモのひそむ洞窟に侵入し、ついにはこの族長を討ちとった。

バーナムは、イギリス軍最高司令官のロバーツ元帥から斥候隊長に任命された。これはイギリス軍の士官でない者にとっては、たいへん名誉なことである。するとバーナムは、早速非凡な

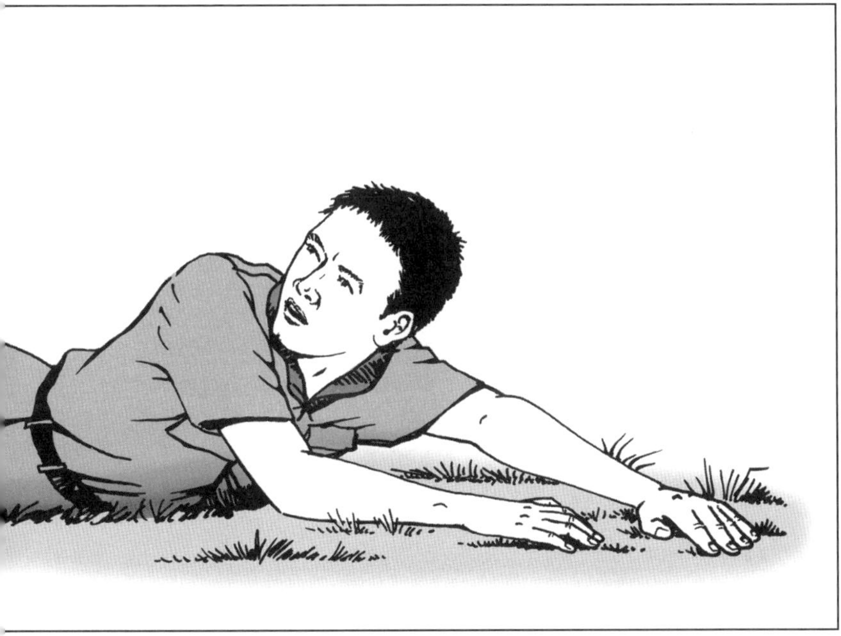

追跡の能力を披露しはじめた。彼の編み出したテクニックのいくつかは、今日もなお特殊部隊で教えられている。たとえば、ボーア人に捕まったときは負傷したふりをして、監視がゆるい負傷者の捕虜グループにまぎれこんだ。拘留先の基地への移動中に、バーナムは負傷者を収容した馬車からすべり降りた。そして、道路脇の溝の中で微動だもせずに横になりながらようすをうかがい、4日後にはイギリス陣営へと帰還した。今日の特殊部隊でも、早期脱出の原則が教えられている。その後のボーア人との戦いで、バーナムは落馬して重傷を負ったが、それでも鉄道を爆破する任務をやりとげた。イギリスはそうした手柄をたたえて、バーナムに殊勲賞を授与している。

バーナムがベーデン＝ポーエルと出会ったのは、第2次マタベレ戦争の最中だった。このふたりは共通の関心事である斥候、偵察、追跡のテクニックについて、情報を交換しあった。バーナムはベーデン＝ポーエルに、北米前線で習った森林での狩りのテクニックを教え、ベーデン＝ポーエルはそれに対する感謝の印として、カウボーイがかぶるステットソン帽とスカーフを身

セルース・スカウト

ローデシアで結成された特殊部隊。対ゲリラ作戦においてすぐれた能力を発揮した。

につけるようになった。初期の斥候《スカウト》のトレードマークとなったスタイルである。斥候の技能の基礎をなしたのは、アメリカとアフリカの先住民の追跡テクニックだった。文明人であるヨーロッパ人は先住民から、古来より連綿と受けつがれてきた伝統的技能を学びなおしたのだ。

この時代にはもうひとり有名な狩猟家がいる。フレデリック・コートニー・セルース（1851〜1917年）、イギリスの冒険家、狩猟家、陸軍将校である。少年時代のセルースは博物学に夢中で、暇さえあれば野外ですごしていた。南アフリカに渡ると、のちに世界最大の産金王となるセシル・ローズの

徽章《きしょう》

大型の猛禽《もうきん》であるミサゴは、セルース・スカウト特殊部隊連隊のシンボルだった。

ために探検のガイド役をつとめ、ここでフレデリック・バーナムとロバート・ベーデン＝ポーエルと交流するようになった。セルースが獲物を求めて出た長い旅は、冒険に満ちていた。未開の地で何日もさ迷い、ライオンとはちあわせになりそうになったこともあった。後世の1973年に、ローデシアで誕生した特殊部隊がセルース・スカウトと命名されたのは、セルースが数々の冒険をして、この地域に多大な影響を残したからだ。この対ゲリラ連隊はとくに追跡を得意として、1980年まで活躍した。

未開の部族が何千年も伝承してきた追跡のテクニックを、バーナムやベーデン＝ポーエル、セルースといった高名で影響力のある人物が習得し、さらにそうした技能を現代の軍隊が応用している。追跡のテクニックは、こうした流れをへて今日にいたっている。

こうした技能はまた、現代の技術革新に合わせて洗練されている。つまり現代の集中捜索では、アメリカ先住民が食糧探しで使うような、人間の直感に頼るテクニックを保持しつつも、それで感知できない部分を、電子的な追尾システムなど高度な情報収集手段で補っているのである。

第1章

追跡と隠密行動のテクニックは、第2の天性となるまで訓練して習得する必要がある。

訓練

現代の軍事的捜索には、陸海空の傘下にある軍組織がすべて関与し、多種多様なテクニックやテクノロジーが投入されている。前章でも述べたように、集中捜索では古くからの狩猟テクニックも、先端技術の衛星監視システムも同時に活用される。だがそうした多様な技能の訓練について、本章で詳しく解説する余地はない。とはいえ、特殊部隊や情報工作部隊など、特定の部隊に関連する訓練方法をのぞいてみる価値はあるだろう。

精鋭の兵士は、いかなる状況でも生きのびて敵地脱出を果たすために、厳しい訓練に挑む。追跡と追跡回避、隠密行動といった、重要テクニックも習得する。

特殊部隊員と航空兵はとくに、回避・敵地脱出とサバイバルの集中訓練を受ける。定期的な兵站の補給品など、軍の支援が届かなくなる状況におちいる可能性が高く、ほかの兵員よりも敵の捕虜になりやすいからだ。GPS（全地球測位システム）のような先進のテクノロジーや装置があれば、敵地で撃墜された航空兵も、救出を要請して回収される確率が高くなる。それでもサバイバルと安全な場所までたどり着く技法を教えられるのは、不測の事態にそなえるためだ。前進偵察におもむく特殊部隊も、敵地にとり残されるおそれがあるため、同種の技能の訓練を受ける。イギリス軍でこうした任務を遂行するのは、特殊空挺部隊（SAS）、特殊舟艇部隊（SBS)、特殊部隊通信中隊などである。アメリカ軍では、第1特殊作戦部隊分遣隊D（デルタ)、海軍特殊部隊シールズおよびその秘匿部隊の海軍特殊戦開発グループ(DEVGRU)、第24特殊戦術飛行隊などがそれに該当する。また特殊部隊と連携する精鋭部隊も、こうした訓練を受けている。イギリスのパラシュート連隊、降着誘導班、海兵隊、アメリカの第75レンジャー連隊、海兵隊武装偵察部隊（フォース・リーコン）などである。

特殊部隊の訓練

回避・敵地脱出の訓練といっても、今ではさまざまな国に多様な特殊部隊や精鋭部隊があるため、それぞれが独自の特徴ある訓練をしているだろう。とはいえ、どこでも守られている基本原則はあるはずだ。訓練兵は、現地のものを食べて生きる術を教えられる。このような訓練では、訓練兵はたいてい人里離れた場所につれだされて、いつもの食糧の供給を止められる。訓練のスタートを飾り、まだ腹の中にある直前の豪華な食事を消化させる目的で、訓練兵は厳しい行軍に送りだされる。その行き先は、イギリスならSASなどの特殊部隊が訓練場としている、ブレコンビーコンズのような場所だ。そうしたルートでの行軍は、たとえふだんどおり食べ物や水を与えられていても、消耗が激しいはずだ。日が落ちれば、歩きまわってくたくたになった体にムチ打って、人目につかない場所に寝場所を設営しなければならない。しかも、使える道具といったら「避難キット」に入っている装備品しかない。

GPSの利用

全地球測位システムは、瞬時に地理的位置を表示する。集中捜索の有益なツールだ。

この便利用品バックが、事実上サバイバルに使える手段となる。訓練兵は、事前に徹底した身体検査を受ける。ズルをして大きめの道具や食べ物を、隠しもっていないか調べるためだ。

それから野営地を設営して、食糧をかき集める。とはいえ体は泥のように疲れており、雨や寒さをしのぐ道具もかぎられていて、寝袋などという快適な支給品はない。頼みの綱は断熱サバイバル・ブランケットで、気休め程度の安らぎを得ることができる。避難キットの道具で可能なら、火を熾《おこ》す必要もあるだろう。そうすれば、採取した

一般的な避難キットの品目

兵士は、避難キットを体のどこかに装着していなければならない（個人装備のウェビング・ヴェストやポケット）。大型のベルゲンには入れない。急いでいるとき、ベルゲンは置いていくことがあるからだ。「ベルト・キット」とも呼ばれる装備には、これ以外の重要アイテムを入れる。たとえば軽くて収納できて防水性のある品目、そして若干の食糧などだ。特殊部隊の兵士は緊急時のやむをえない場合、もしほかの選択肢がなければ、重量のあるベルゲンの携帯を断念してもよいことになっている。

避難キットに入れる最小限の道具は次のとおり。

発火具
- マッチ
- ろうそく（食べられるものもある）
- 火打ち石と火打ち金

信号具
- シグナルミラー、またはその代用としてサバイバル用品を収納する缶の内側
- 信号弾は別に運ぶ

浄水用品
- 浄水剤
- 濾過用バッグ

食糧採取のための道具
- スネアワイヤー（動物用の罠）
- 釣り糸と釣り針

このほかにも、スイスアーミーナイフ（十徳ナイフ）かレザーマンツール多目的ナイフをもち歩くことを勧める。シェルター作りで枝を切ったり、食べ物の下ごしらえをしたりと、幅広い用途で重宝するからだ。ただし訓練中は、このような道具の使用が許されないこともある。

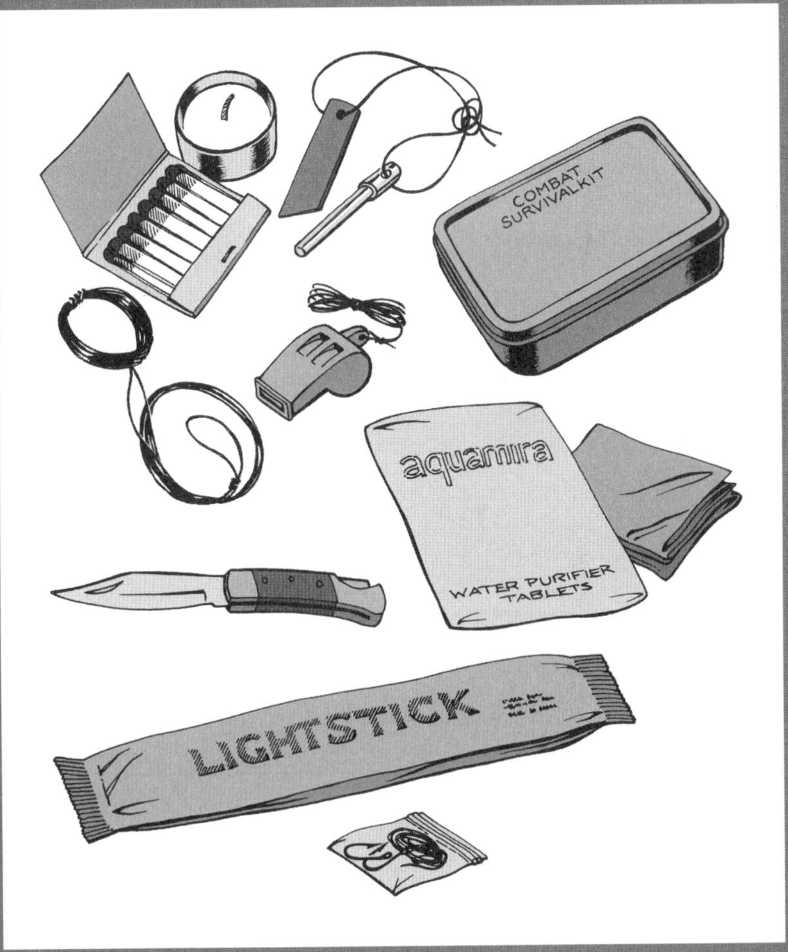
COMBAT
SURVIVALKIT
aquamira
WATER PURIFIER
TABLETS
LIGHTSTICK

万能食用テスト

サバイバル環境において食べ物は、まちがいなく生死にかかわる重要な要素だ。だが植物の種類や食用の適不適を、いつも正確に判断できるとはかぎらない。万能食用テストの慎重な手順に従えば、植物が食用に適しているかどうかを確かめることができる。

1　1度のテストで口にする植物の部位は、ひとつだけ。

2　植物を葉、茎、根、芽、花などの基本的な部位に分ける。

3　強い酸臭がするかどうか、匂いを嗅いでみる。ただし植物が食用できるかどうかは、臭いだけでは判断できない。

4　8時間絶食してから、このテストを開始する。

5　つぶした植物を脇の下か、肘または手首の内側に塗って、かぶれのテストをする。

6　このテスト中は、水と実験中の植物しか口から摂取しない。

7　植物の小片を口に入れる前に唇にあてて、ヒリヒリしないか確かめる。

8　少しも刺激を感じなければ、その小片を口に含んだまま15分間待つ。

9　それでまったく異常がなければ、その植物を飲みこむことができる。

10　具合が悪くなったときは、その植物を吐きだして大量の水を飲む。

11　ここまででまったく異常がなければ、この部位の植物をさらに食べ進める。

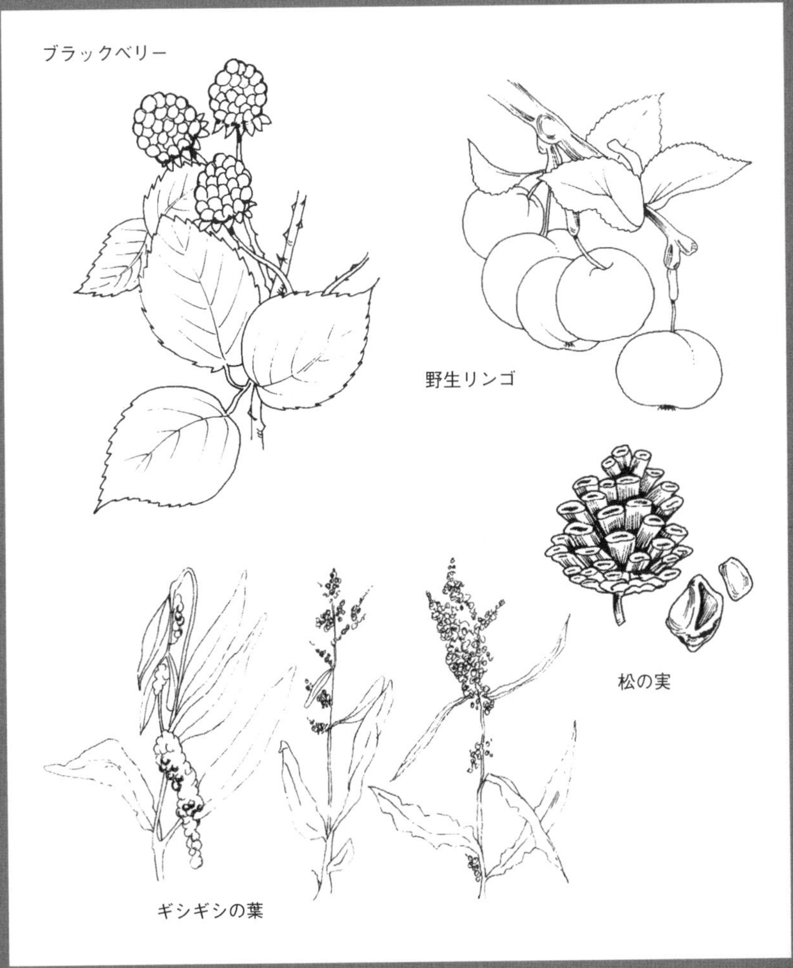
ブラックベリー
野生リンゴ
松の実
ギシギシの葉

イラクサ茶

イラクサは、鋭いトゲがあるため敬遠されがちな植物だが、葉はビタミンA、C、E、B_1、B_2、B_3、B_5、カルシウム、鉄など、体に重要な栄養素とミネラルが豊富だ。乾燥させた葉を、沸騰したお湯で煎《い》れる。

スコット・オーグレディ

1995年6月2日、米空軍のスコット・オーグレディ大尉が操縦するF-16ジェット戦闘機は、旧ユーゴスラヴィア上空をパトロール中に、地対空ミサイルを被弾した。オーグレディはバニャルカ付近で緊急脱出を果たしたが、その直後から新たな問題に直面した。友軍に回収されるまでのあいだ、敵の目を盗んで敵地で潜伏しなければならなかったのだ。

セルビア軍が捜索隊を繰りだすなか、オーグレディは巧みな偽装をほどこし、移動を必要最小限にとどめて6日間を生きぬいた。とくに苦心したのは、十分な飲み水の確保だった。緊急キットの中にいくらか水はあったが、脱水症状を防ぐために雨水を集める必要があった。

ビーコン信号で居場所を知らせると、第24海兵機動展開隊が、大胆不敵な救出にのりだした。この特殊作戦が可能な部隊は、米艦艇の強襲揚陸艦「キアサージ」に乗艦していた。救難ヘリコプターがオーグレディの位置を確認する一方で、オーグレディも最後の瞬間に信号弾を撃ちあげてヘリを誘導した。回収はぶじ完了した。ヘリは地対空ミサイルと小火器の攻撃をかいくぐって、なんとか帰還を果たした。

現代の敵地脱出で、現代のテクノロジーとならんで基本的なサバイバル・テクニックがどのように生かされたのかが、よくわかる事例である。

ものに火を通せるので、生で食べずにすむのだ。

順当な流れで行くと、翌日は羊やウサギなどの動物を殺して料理する方法や、イラクサ茶といった珍味の作り方について、実地訓練を受けることになる。

どんなにまずくても、訓練兵はできるだけ掻《か》きこんでおいたほうがいい。そのすぐあとに、ナビゲーションの技能を試すために、前日とは別ルートの行軍に出るからだ。

狙撃手は、姿を見られずに敵を照準にとらえる技能はもちろん、狙撃のための射撃位置につくために、敵の動きという重要情報が得られる場所に潜入するテクニックも身につけなければならない。そうしたもっともな理由から、米海兵隊は、偵察と狙撃のテクニックを同じ枠組みで教えている。

水のある場所

水は命を生きながらえさせるために必要不可欠な要素だ。食物より重要でさえある。それどころか水が不足しているときは、食べすぎないよう注意しなければならない。とくに消化しにくいものは、加水分解で大量の水を必要とするので摂取しない。

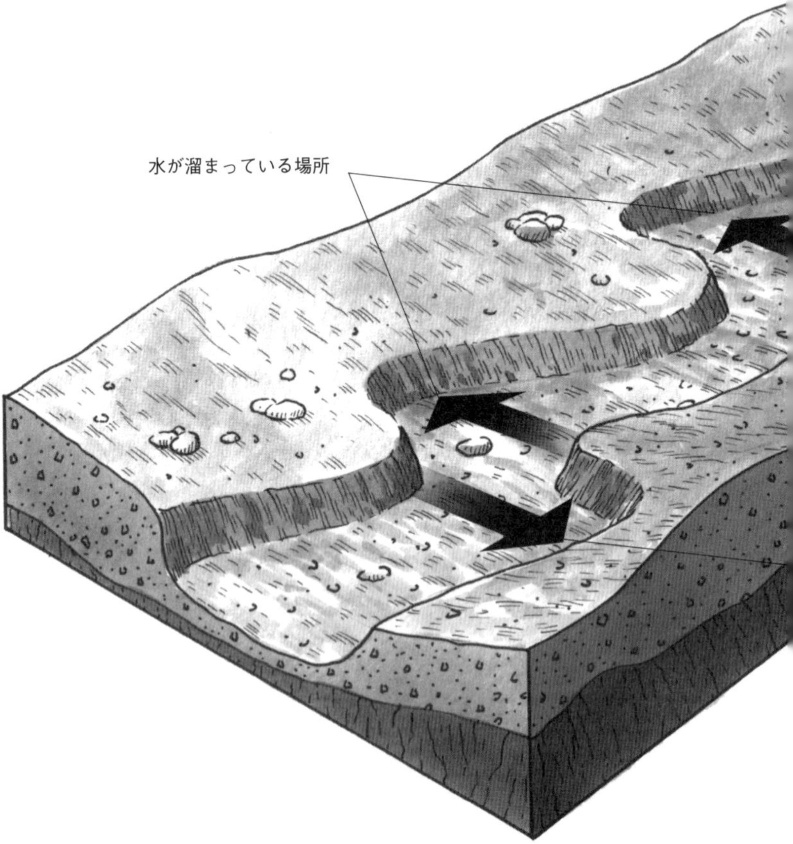

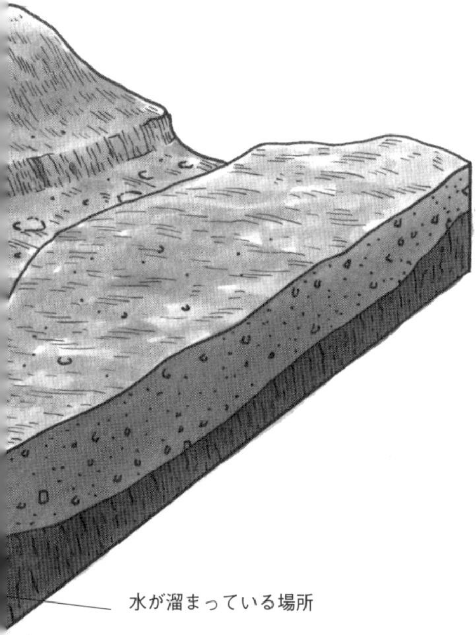

- 水を発見しやすい場所を知っておくとよい。
- 水が干上がった峡谷や雨溝［降水時の侵食によってできた溝状の小谷］、水路では、カーブの外側のいちばん低いところに水が溜まっている。
- 動物や鳥、昆虫は水に向かって、または水のある場所から移動しているのかもしれない。必要なら足跡などの手がかりを追って、その道をたどる。
- 緑の草木が生えているのは、水がある兆候。
- 崖や露出している岩層の真下では、水は穴や裂け目に集まっている。
- 岩の裂け目から水がちょろちょろ流れていることがある。どこかに大量の水があるのかもしれない。草をストローにして吸えばこの水を利用できる。
- 動物の排泄物の山のそばに、水たまりが確認できることがある。

狙撃訓練

狙撃兵は、追跡や隠密行動を成功させるために必要なテクニックを数多く教えられる。実戦配備時には、長期にわたって潜伏し、射程内の標的に姿を見られずに移動できるようになる。

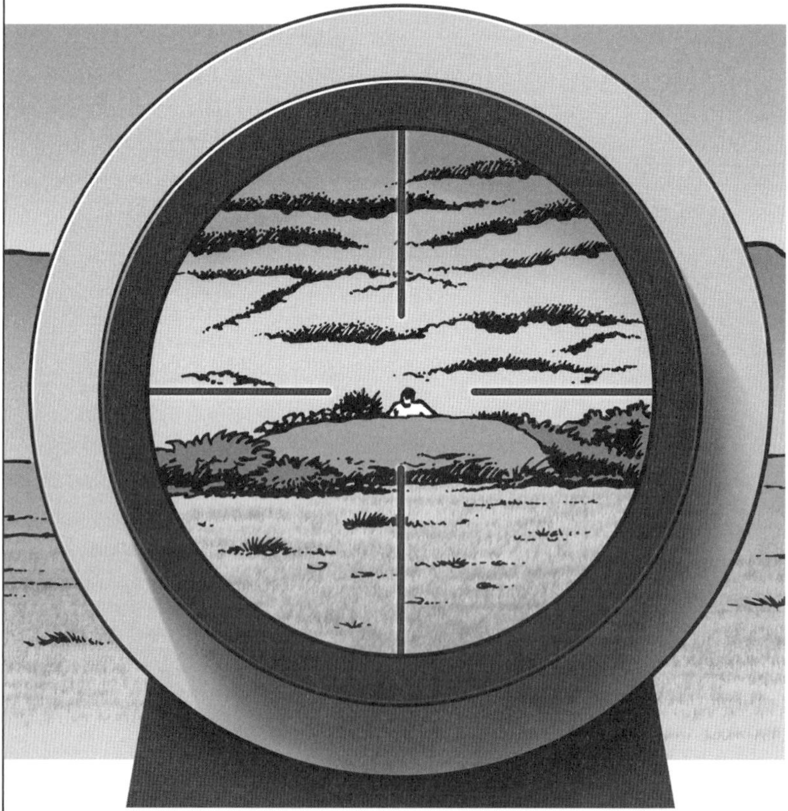

軍事的捜索の最終目的は、標的との接触だ。ある意味それは、武装していて危険な標的を捕縛または抹殺するために、条件を整えるということだ。

米海兵隊はまた、武装偵察中隊《フォース・リーコン》の出動を要請できる。この部隊は現在、海兵隊特殊作戦コマンドの傘下にあり、原則として主力部隊の強襲に先立って、上陸地点となる海岸の状況の見きわめなどを行なっている。土壌が上陸に適しているかどうかはもちろん、敵の動きについての情報も報告する。

イギリス軍の特殊部隊で、軍事的捜索にとくに関与しているのが、比較的最近結成された特殊偵察連隊だ。この部隊は2005年に、イギリス特殊部隊（UKSF）の新しい構成部隊として誕生した。UKSFの配下にはこのほかに

も、特殊空挺部隊（SAS）、特殊舟艇部隊（SBS）、特殊部隊支援グループ（SFSG）がある。

特殊偵察連隊に与えられる任務は、ひと口でいうと極秘の特殊偵察と監視だ［特殊偵察は、特殊部隊や情報部隊の少数精鋭により敵前線後方で行なわれる偵察］。軍事的捜索においてこの種の部隊は、監視から得られる重要情報を提供するプロセスで、鍵となる役割を果たしているはずだ［特殊偵察連隊の活動内容は極秘で、謎につつまれている］。特殊偵察連隊の訓練は過酷で、近接戦闘（CQB）のテクニックのほかにも、

待ち伏せ攻撃の訓練

待ち伏せ攻撃の訓練には、2方向の効果がある。第1に、捕縛と尋問への対処方法を学んでいる兵士にとっては、それを実践する経験になる。第2に、待ち伏せ攻撃をかける側の兵士にとっては、走行している車輛を停止させて、乗っている者を拘束する訓練になる。

選抜訓練

精鋭・特殊部隊の入隊候補生は、厳しい野外の環境で過酷な選抜訓練を課せられる。この選抜を通して、候補生はいかに困難な軍の隠密作戦にも耐えられるよう鍛えられていく。

写真撮影、監視、偵察、高度な運転技術といった、任務に関連する広範な技術が教えられているようだ。入隊の候補者はさらに、戦場サバイバルや尋問抵抗（RTI）の訓練に耐えなければならない。

SAS

部隊が採用する訓練メニューは、国の事情や部隊に課せられた役割といった要素に左右されるため、バラつきがある。だが訓練を開始する前の厳しい選抜過程は、どこの部隊でも絶対にはぶくことはできない。

SASにかんしていえば、この選抜過程はほとんどウェールズのブレコンビーコンズ国立公園で実施される。ブレコンビーコンズの最高峰は、標高886メートルのペン・イ・ファンだ。選抜には1カ月がかけられる。候補生は、到着時には体ができあがっていることが前提とされる。それでもSASでは究極のスタミナが要求されるため、第1週は体力作りに励むことになる。その後はいよいよ、ブレコンビーコンズやブラック・マウンテンズへの長い強行軍だ。ブレコンビーンズでは、地形的な特徴のために、行軍は輪をかけて過酷になる。頂上の幻影がしょっちゅう見えるので、そのたびに候補生は余計な距離を歩くはめになるのだ。

ベルゲン（背嚢《はいのう》）の重量が、日や週を重ねるごとに少しずつ増加されるなか、候補生は岩ばかりの風景でも正しい方向をとらえて、また寒さや雨、疲労にもめげずに、行軍以外のさまざまな任務もこなせることを証明しなければならない。ブレコンビーコンズで方向を見誤れば、死につながるおそれもある。暗闇や嵐の中では、あっというまに急斜面で足を踏みはずしてしまう。もうひとつ危険なのは、さえぎる物のない山で刺すように冷たい風にさらさ

徽章

特殊偵察連隊は、イギリス軍でもっとも新しい特殊部隊の組織だ。

ジャングルの訓練

ジャングルでは、究極の隠密行動の訓練ができる。葉がうっそうと茂っているので、敵がわずか数メートル先にいても姿が見えないこともありえるのだ。

ブラヴォー・ツー・ゼロ

SAS チーム「ブラヴォー・ツー・ゼロ」による偉業は、回避・敵地脱出の原則を実証してなしとげられた。その根底にあったのは、訓練と固い決意は何物にもうち負かされない、という基本原則である。SAS をはじめとする特殊部隊は、候補生の適性を慎重に確認してから入隊させる。クリス・ライアンは、まさにその判断が正しかったことを証明してみせたのだ。

1991 年 1 月、第 22SAS 連隊 B 中隊は、「スカッド」ミサイルを監視して報告する任務を与えられた。この地対地長距離ミサイルは、可動式発射台に搭載してイラクの砂漠に配備されており、サッダーム・フセイン政権は、これをイスラエルとその同盟国に対して、軍事的・政治的道具として利用していた。イスラエルが自衛の名を借りた報復に出るのをやめさせるためにも、同盟軍にとってはスカッドの無力化がどうしても必要だった。そのため砂漠地帯は東西に二分され、SAS とアメリカのデルタフォースは同じ西の作戦域を割りあてられた。

イギリス特殊部隊とそれに関連する戦力は、部隊としての高い水準を維持していたが、ブラヴォー・ツー・ゼロのチームがヘリから砂漠に降りたつと、いやな展開になりはじめた。まずは砂漠の地面は岩のように固く、遮蔽《しゃへい》物になりそうなものがなかった。夜の闇は一時的な遮蔽にはなったが、翌朝になれば、パトロール中のイラク軍の前に無防備に身をさらすという、恐ろしい事態になるのはわかっていた。なにしろヘリから降りた場所が、イラク軍の高射中隊の陣地から数百メートルしか離れていなかったのだ。しかも身を切るように冷たい風が砂漠を吹きすさんでいたが、そこには風よけになるものなど何もない。無線通信機がうまく作動しないのがわかったため、救助航空隊を呼んでほかに移動して、隠密任務を継続することもできなかった。

夜が明けると、羊飼いの少年に姿を見られた。ほかの一般人にも出会い、イラク軍に通報されるはめになった。それからまもなくして、トラック 1 台分のイラク兵が到着した。SAS 空挺隊員は、あいかわらず全装備が入ってずっしり重いベルゲンを背負ったままで、難をのがれようとしていた。逃げながらときおりライフルをみまって、イラク兵を寄せつけまいとする。装備品はもともと重量オーバーだったが、ここに来て SAS 隊はベルゲンを放棄せざるをえなくなった。それは最小限の装備で、砂漠と極度の寒さに対処しなければならないことを意味していた。パトロール隊の 8 人の隊員のうち、敵地脱出を果たしたのはたったのひとり、クリス・ライアン軍曹だけだった。ほかの隊員は、捕虜になったか射殺されたか、低体温症で命を落とした。
　ライアンはいまや単独で行動していた。昼間は照りつける太陽に焼かれ、夜間は凍えるような風に吹きつけられながら、さえぎるもののない砂漠をどこまでも歩いていった。彼はSASで受けた耐久訓練のテクニックを、ここで総動員しなければならなかった。遮蔽物はほとんどといっていいほどなかった。ところがしばらくすると、イラク軍の車輌が2台、背後の水平線から姿を現した。いくらSAS隊員でもスピードでは車にかなわない。だがライアンはこの単独行軍のあいだも、アメリカ製の撃ちっぱなし式の口径66ミリ携帯LAW（軽対戦車火器）を手放さずにいた。イラク兵はしめたと思ったのだろう。2台の車輌に満載された兵士が相手をするのは、たったひとりの敵だったからだ。だがあいにくその男は、世界最高レベルの特殊部隊の兵士だった。ライアンの記述によると、彼はLAWをかまえると狙いを定め、1台の車輌を木端微塵に吹きとばした。つづいてM203グレネード・ランチャーを放って、もう1台に壊滅的ダメージを与えた。そして仕上げに、生きのびたイラク兵にM16アサルトライフルの銃弾をみまった。砂漠で燃えさかる残骸をあとにして、ライアンは驚異の強行軍を続行した。朝晩で極端に変わる砂漠の気温差にもめげず、満足な食べ物も水もないまま、ライアンはさらに何日も耐えしのんだ。そしてやっとのことで比較的安全なシリアに到着して、友軍に救出されたのである。
　この出来事から、ミスが重なったときに起こりえることと、最高水準の訓練を受けた兵士でさえも、一般人との接触は避けられないことがわかる。降下位置の誤り、無線通信機の故障、パイロットの体調不良のため予定していた場所で、通常のようにヘリで回収されなかったこと——こうしたことがことごとく裏目に出て、のっぴきならない状況におちいったのだ。緊迫の瞬間、SAS隊員は貴重な装備を放棄せざるをえなかった。防寒の衣類は、生と死または捕縛の境目を決したであろう。それを手放したのである。脱出を果たしたクリス・ライアンだけがただひとり、軍支給品でないブーツを着用していた、とも伝えられている。高品質で高価なブーツを自前で用意していたため、強行軍のあいだも履き心地は快適だった。
　これを教訓として訓練を行なうなら、このように考える時間がない状況でも、兵士が確実にやるべきことを知り、かつその緊急事態に応じた的確な装備を携行できることを目的にすべきだろう。

耐久テクニック

いかに体を鍛錬して十分な訓練を積んでいても、灼熱の砂漠にいて水を補給できなければ、現実的に生きられる日数はかぎられてくる。1リットル程度の水がある場合、昼間休んで夜歩けば、2日半はもちこたえられるだろう。クリ

ス・ライアン軍曹は、SAS で耐久トレーニングを受けていたので、厳しい条件を生きぬくことができた。

れて、低体温症になることだ。

SASの訓練ではこの段階ですでに、追跡回避の具体的手法をとりいれている。たとえば訓練生は指示をもらっても、メモ書きを禁じられており地図に印をつけることもできない。こうしておけば捕虜になっても、敵に情報がもれることはない。訓練が進むにしたがって地図までもぜいたく品になり、走り書きの簡単な地図でまにあわせなければならなくなる。

ブレコンビーコンズでの苦しい選抜訓練が終わると、合格した者は入隊候補生となり、半年の継続訓練に移る。この訓練で学ぶのは、敵前線後方での作戦行動や信号の送り方、狙撃など幅広いスペシャリストの技能、航空攻撃や砲撃の誘導法、サバイバル・テクニック、破壊工作と爆発物の扱い、さまざまな特殊な武器の取り扱いなどである。通常軍で教えこまれる日常的な手順を、あえて忘れるようにも仕向けられるだろう。小隊の教練や装具をピカピカに磨きあげる作業とはオサラバだ。候補生は、ここでは4人組チームで活動する。全員が個人技能をもっているため事実上同等の立場で、戦闘服は活動域の環境や状況にふさわしいものになる。こうしたところに、SAS創設の精神的支柱となったある人物の理念をみることができる。砂漠のロレンスことT・E・ロレンスは、著書『知恵の七柱』で、次のように述べている。

「わが軍の効率は、一個人のまったく個人的な効率である。(中略) われわれの理想は、この戦争をして単独戦の一つのつづきものたらしめること、わが卒伍をして機敏な司令官の立派な同盟者たらしめることでなければならない」[T・E・ロレンス『知恵の七柱2』(柏倉俊三訳、平凡社) より訳文引用]

SASの継続訓練で重要な部分を占めるのが、敵前線後方で味方の支援なして生きのびる技能の養成である。そのためこの段階で候補生は、敵地脱出、追跡、追跡回避、シェルターの設置、食物の採取などの訓練を受ける。また予告なしで候補生が教官の捕虜になる設定が用意されており、尋問抵抗(RTI) のテクニックで切りぬけられるかどうかが試される。よくあるのが、味方の職員の運転で候補生が移送されているトラックが、待ち伏せ攻撃にあう、というシナリオだ。攻撃側が正規兵の場合、これは待ち伏せ攻撃の貴重な訓練にもなるだろう。候補生は銃をつきつけられて車から下され、空の砂《さ》嚢《のう》を頭からすっぽりかぶせられて、後ろ手に縛られる。さらに尋問訓練施設に連行されて、ここで仲間との接触を断たれ、長時間壁と向きあわされる。そしていよいよ尋問部屋に引きだされて、あの手この手の尋問テクニックを試されるのである。これはまた、候補

溺死防止訓練

米海軍シールズの入隊候補生は、水中で両手両足を縛られた状態で生きのびるという、過酷な水中サバイバル・テストに合格しなければならない。まずは５分間頭を浮き沈みさせながらすごし、次の５分間は浮かんでいる。100メートル泳いだら２分間頭を浮き沈みさせ、水中で前まわりと後ろまわりをしたあと、プールの底まで潜って口で物をとってくる。最後に５回頭を浮き沈みさせる。

ヘル・ウィーク

ヘル・ウィークは、米海軍シールズのBUD/S（基礎水中破壊工作訓練／シールズ）コースのうち、第1段階4週目に設けられている。5日半のあいだ、候補生は体力の限界に挑戦しながら、次々と課題をこなす。冷たい波に体も頭も洗われながら腹這いになる、電柱のような重い物をもち運ぶ、といった訓練に耐えるのだ。

生だけでなく教官の訓練にもなっている。この場合重視されるのは、一般兵をよそおいつづけて、名前と階級、認識番号以外の情報は、できるだけもらさないことだ。

その後SAS候補生は、ブルネイなど極東のジャングル・サバイバル訓練施設に向かう。ここでは、ジャングルでのサバイバル、ナビゲーション、移動にかんするテクニックをひととおり学ぶ。そしてさらに舟艇、航空、山岳、機動の４小隊のいずれかに配属されて、さまざまな個人技能のうち、選択した技能にもとづく訓練に移る。

米海軍特殊部隊シールズ

米海軍特殊部隊シールズでは、世界の特殊部隊でも１、２を争う過酷な訓練が行なわれている。選抜と訓練に要する期間は、最短で１年だ。訓練課程をめでたく修了した者は、特殊戦闘員水兵およびNEC（海軍下士官兵適性区分）5326戦闘潜水員（SEAL）の資格を与えられる。将校は、海軍特殊戦（SEAL）将校に任命される。入隊を志願できるのは、米海軍か沿岸警備隊に属する者だけだ。志願者は最初の関門である体力審査テストで、水泳、腕立て伏せ、上体起こし、懸垂、長距離走などの基準を満たさなくてはならない。

そしてまずは海軍特殊戦準備校の訓練コースに参加して、これをパスしたら、カリフォルニア州コロナドの海軍水陸両用基地にある海軍特殊戦センターに移り、25週の基礎水中破壊工作訓練／シールズ（BUD/S）訓練コースに挑む。ここでは、体がボロボロになるような厳しい訓練が最初から最後まで続く。

その最たるものが、132時間ほとんどぶっ通しで体を虐める、かの有名な「ヘル・ウィーク」だ。候補生はこの間、たえず寒さに震え、ずぶ濡れになっているか泥だらけ、砂だらけになっている。ヘル・ウィークで真に試されるのは、身体的苦痛をはね返す忍耐力だ。なによりも手強い敵は寒さだ。海岸に横たわる候補者は、氷のように冷たい波をかぶる。すると体を乾かして暖められるときが永遠に来ないように思えてくる。おまけに睡眠時間は長くて４時間しかない。脱落の理由はさまざまだ。ある者はただたんに訓練について行けなかったから、ある者はけが

追いつめられたビン・ラディン

地上の工作員を配備し高性能な電子機器を投入して、アボッターバードの屋敷は、厳重な監視下に置かれた。

負傷者の追跡

追跡のベテランは足跡の状態から、足跡をつけた人間が負傷しているか否かなどの情報を読みとることができる。たとえば片足を負傷している人間は、たいてい負傷している足を軽くついており、足先を地面に下しているだろう。別の側の足跡は、それより輪郭がくっきりしているはずだ。

靴跡

追跡する際には、靴やブーツの裏の模様から標的を特定できる。同じ支給品の軍靴を履いた兵士を区別するときは、とくに溝のすり減った場所を手がかりにして個人を判別する。

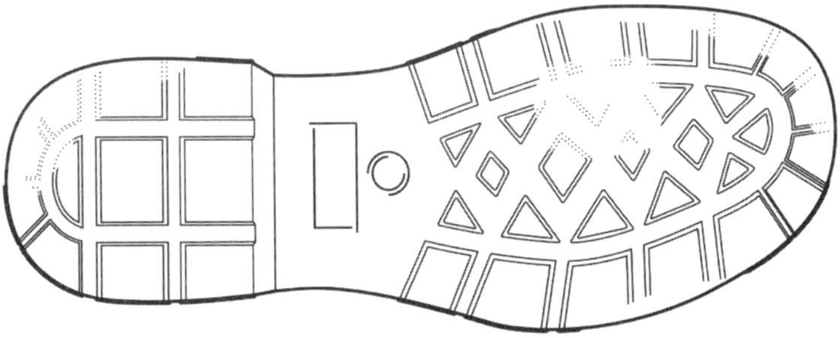

をしたから、また寒さに耐えられなかったから、といった理由で消えていく。この段階を最後までやり抜く候補生は、25パーセント程度にすぎない。最後には、誰がいちばんそれを望むかが問題になる。忍耐力がもつかどうかは、多分にチームワークにかかっている。仲間が励ましあって困難をのりこえ、眠りに落ちないよう互いに気を配る。このようなもちつもたれつの関係は、実際の作戦で残忍な敵を相手にするとき、または負傷したときに必要になる。通常軍の兵員なら不可能に思えることを、このような経験をした者は戦場でもやってのけるだろう。

BUD/Sを修了した合格者は、次にシール資格訓練（SQT）に移る。この26週間の課程で候補生が習得する多様な技能は、資格認定後のシールズ隊員が、作戦の遂行で必要とするものだ。訓練の内容は、次のように多岐にわたっている。戦術空挺作戦（自動開傘索／自由落下）［「自動開傘索」は、パラシュートを着けて機外に飛びだすと索が引かれて自動的に開傘する降下方式］、戦術戦闘医学、通信、先進特殊作戦、寒冷地・登山訓練、海上作戦、戦闘潜水、戦術地上機動、地上戦（小部隊戦術、軽・重火器、爆発物）、武装（近接）・非武装の格闘術（総合格闘技・

アメリカ・米海兵隊スタイル)、近接戦闘火器と強襲・近接戦闘。

資格訓練が完了すると、候補生は海軍 NEC5326 の資格とシールズ隊員の証し、トライデント(三つ叉の槍)の部隊バッジを与えられて、それぞれのシールチームに配属される。

追跡

本書では、軍事的捜索で使われるテクニックを中心に論じていくため、特殊部隊のすべての訓練について詳しく述べることはしない。ただし特殊部隊の兵士は作戦域から出るときに追跡を受ける可能性が高い、という理由で、回避・敵地脱出の訓練では、追跡と追跡回避と関連のある演習が行なわれている。

特殊部隊の回避・敵地脱出の訓練は、次のような項目に分かれている。サバイバル訓練、隠密移動(戦闘員としてすぐれた能力を発揮する兵士でも、特殊作戦での任務の成功は、むやみに敵と交戦しないことにかかっている)、偽装テクニック、ナビゲーション・テクニック(地図やコンパスといった、通常の補助器具を使わないナビゲーションも含む)、そして最後に信号と回収のテクニック。

特殊部隊の兵士は追跡について熟知していて、自分に追跡や捕縛がかかり

足跡の隠蔽《いんぺい》

条件が合えば足跡の隠蔽は可能かもしれないが、優秀な追跡者なら隠蔽しようとする痕跡がわかるので、わずかな時間かせぎにしかならないだろう。

ダブル・トラッキング

追跡者を巻きたいときに使える方法は多い。後ろ向きの歩行はよくあるトリックだが、経験豊かな追跡者なら、かかとの足跡が深くなっているのに気づいて、標的の意図を見破ってしまう。

やすいことを自覚しているので、地上を移動する際には細心の注意をはらうだろう。敵が追跡に使える痕跡で、いちばんわかりやすいのは足跡だ。経験を積んだ追跡者は、その足跡にしかない特徴から、集団の中の個人を特定できる。ロバート・ベーデン＝ポーエルは、著名な著書『スカウティングフォアボーイズ』［ボーイスカウト日本連盟出版・訳］の中で、昔風の鋲打ちブーツを例にとって説明している。というのも、かつてはこのタイプのブーツが軍で支給されていたからだ。鋲が１、２本抜けていたりすると、そのブーツがどれだか見分けやすい。現代のブーツには、靴底の模様に一定のパターンがあり、それが靴の製造によって異なっている（正規の軍支給品とそうでない場合がある）。あるいは識別可能な摩耗個所がある。靴底の溝に小石が１個はさまっているだけでも、地面にくっきり跡が残るだろう。

靴跡からそれ以外の情報も集められる。歩幅や地面への圧痕の深さなどが手がかりとなるのだ。たとえば、片方の足跡が深くてもう片方が浅いなら、標的が片足をかばって歩いているのかもしれない。つまりその足は負傷しているということだ。こうした手がかりと特徴については、あとの章でさらに詳しく説明しよう。

軍の追跡訓練では、そこを通ったこ

追跡者をまどわす

追跡者をまどわせるもうひとつのトリックは、川から後ろ向きに上がる方法だ。ごまかし戦術の例にもれず、それでもベテラン追跡者の足どりを遅らせられるのは短時間だろう。何があったか勘づかれてしまう。

とを示すすべての痕跡や足跡を、絶対に乱さずに保全するよう教えられる。これは追跡の基本中の基本だが、案外忘れられがちだ。それから単独または複数の痕跡から集められる情報にもとづいて、そこを通過したであろう人数や移動の方向、痕跡の古さなどの報告をする。すると追跡の専門チームが呼ばれるので、追跡者は前方に痕跡を見つけるか、筋道の通った推理に従うかして、できるだけ迅速に次の観察地点に移動する。追跡が敵地で行なわれているときは、追跡者は武装したパトロール隊員によって守られている。というのも、痕跡に神経を集中している追跡者は無防備で、攻撃されやすいからだ。敵地で追跡者とパトロール隊員が意志の疎通をするときは、手信号を使う。

映画『明日に向って撃て』を観たことがある人は、追われる身になったふたりの主人公が、乗り手のいない馬を放ち、自分らは別の馬の鞍に相乗りして違う方向に向かって、追手を分裂させようとしたシーンを覚えているだろう。しばらく追手は二手に分かれていたが、まもなくだまされたのに気づいて、馬が分かれた地点に戻っていった。追跡者がこのトリックに気づいた理由は、想像するしかない。本物の追跡者なら、乗り手のいない馬の蹄の跡が浅く、それに対してふたりを乗せた馬の跡が深いのに、気づいたかもしれない。理由はなんであれ、追手は馬が分かれた地点まで戻って、正しい痕跡をたどった。軍の追跡訓練では、注意して痕跡の分岐点をマークしておくよう教えられる。そうするとにせの痕跡を追っていたとしても戻ることができるからだ。また偽装をにおわす兆候、たとえばこれ見よがしの痕跡や地面や周囲の植物の乱れにも気を配るよう指導される。ベテランの追跡者は、小手先の細工などすぐに見破ってしまうものだ。さらに軍では、痕跡が完全に消えているのではない場合、最後にあった痕跡をマークしてから、その周辺を円形状に丹念に調査して、別の場所で痕跡の続きを見つける手順を教えている。

追跡回避

追跡者を巻こうとするとき、兵士は背後に迫る追跡者をまどわせる方法をつねに意識していなければならない。そのひとつに、追跡者の直感の裏をかくやり方がある。痕跡が不明瞭で進める方向が複数あるとき、追跡者は標的がどちらに向かったと考えるだろうか？　追跡者が予想しそうな方向を選ばず、別の道に進むとよい。軍の訓練では、習慣や常識をくつがえす行動をとるよう教えられる。たとえばわざと足跡を残しながら歩いてから履物を脱ぎ、その足跡の上を引きかえす、とい

脱出用地図とコンパス

回避・敵地脱出の場面でよく登場する脱出用地図は、はるか第2次世界大戦から受けつがれている特殊作戦の知恵でもある。

第2次世界大戦中、クリストファー・クレートン＝ハットンは、イギリス軍人でもとくにパイロットが、ひそかにもち運べる地図を作製するよう命じられた。そのような地図があれば、乗機が墜落しても、ぶじに味方のもとに帰還できる確率は高くなる。ハットンには、著名な地図製作者バーソロミューという心強い協力者ができた。バーソロミューは印税をとらずに、自分の地図を使うことを許してくれたのである。ウォディントン公開有限責任会社も地図の印刷を引き受けてくれた。地図は絹か極薄の薄葉紙に印刷された。薄葉紙は従来の製紙用パルプの代わりに、クワの葉をつぶした特別なパルプを原料としており、濡れるととくに劣化しやすい。絹と紙のいずれの用紙にしても、悪条件でも色あせやにじみが生じないインクを開発するのに、しばらく時間がかかった。イギリス軍人はこのほかにも、ボタンやペンの中に隠せる小型のコンパスを支給されている。

現代の米軍でも、敵地脱出チャート（EVC）が支給されている。これは統合作戦図（JOG）にもとづいた資料で、縮尺25万分の1のJOGの地図が掲載されている。EVCの代替えとして使われるのが、戦術航空図（縮尺50万分の1）だ。地図は強くて柔軟性がある素材に印刷されており、耐水性があり破れにくい。EVCの地図には特定地域の地図だけでなく、サバイバルに役立つさまざまな情報がのせられている。ナビゲーションのテクニック、救命医療、環境の脅威、食べ物と水の調達などの有益情報のほか、食用に適した植物、毒性のある植物の画像もある。ただしEVCの地図や情報は、訓練不足を補うためにあるのではない。特殊部隊が回避・敵地脱出に成功するか否かは、訓練と経験がおおきくものをいう。EVCにある基本データは、厳しい訓練を補足する資料にすぎないのだ。

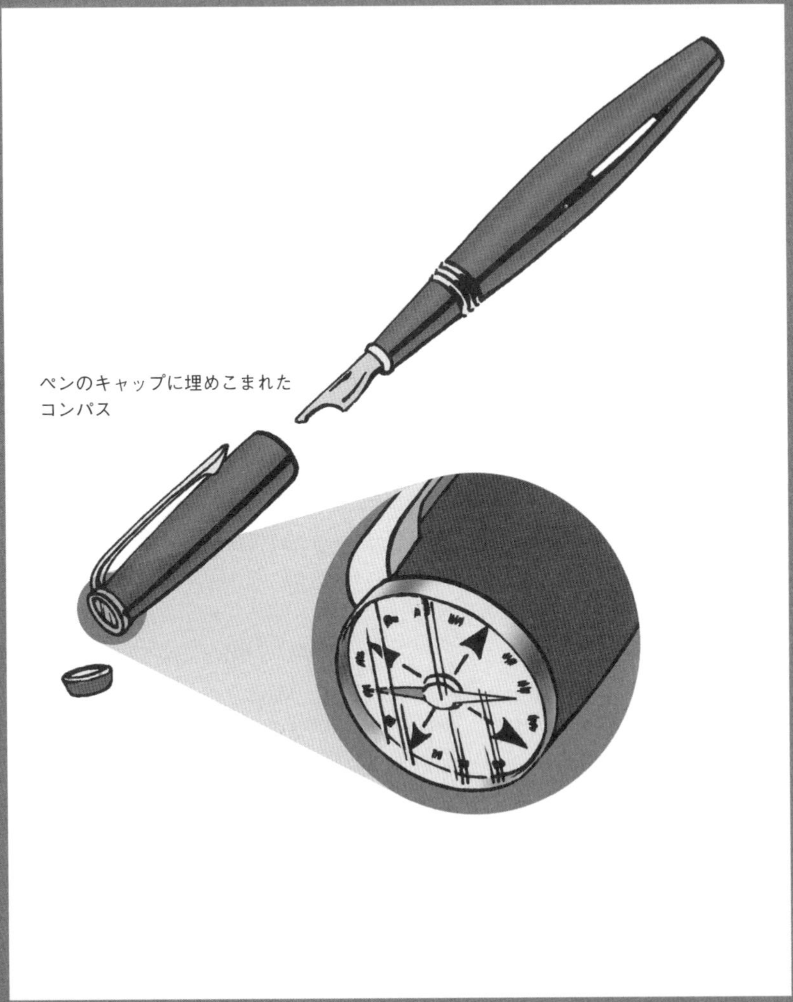
ペンのキャップに埋めこまれた
コンパス

う方法は実現できそうだ。あるいは、蹄鉄やタイヤゴムの一部を足に装着しても、追跡者をまどわせる効果があるだろう。足のへりで歩いてもいい。

雨が降っているあいだに移動するのは逃げる側に有利だ。激しい雨であれば足跡が洗い流されて、手がかりが少なくなる。曇りの日もやはり、追跡者にとっては痕跡が見えにくい。追跡回避のテクニックには、できるだけ固い地面を歩く、後ろ向きに歩く、ついている足跡の上を歩く、水の中を歩く、などのバリエーションがある。だがこうした方法では、追跡のプロを一時的にまどわすだけで、捜索犬にいたってはまったく効果がない。追手が手がかりにできるものは足跡のほかにもある。折れた木の枝、枝や岩に引っかかった服のきれ端。逃げる兵士もそれはわかっているはずだ。

また、複雑なダブル・トラッキングの手法を用いても、追手をあざむいて痕跡を見失わせることができる。その一例を紹介しよう。木々が茂った場所から、開けた場所に立っている1本の木に向かって歩く。そしてその木を通過して5歩進んだら、自分がつけた足跡の上を木の前まで後ろ向きに戻り、そこから90度曲がって進む。このやり方を何度か繰りかえしながら、目的の方向に進む。追跡者は開けた場所に誘い出され、足跡がとぎれた場所から誤った方向に進むかもしれない。道に近づいたら、45度の角度で接近できるように進行方向を調節する。道にさしかかったら、追跡回避のあらゆるルールを破って、鮮明な足跡など、追手が見つけやすい証拠を道に残す。それからつけた足跡の上を後ろ向きで戻り、道に入った場所に達したら、跡を残さないよう細心の注意をはらいながら、入った方向と反対側に出る。道を横切ったあとは、また45度ぐらいの角度で来た方向と逆向きに離れ、そのまま100メートルほど進む。

小川や浅い川に出会ったときは、水に入って流れに沿って100～200メートル歩く。安全上問題がなければ、できるかぎり川の中央のいちばん深いところを選んで歩く。適当な場所で水から出るが、草木を踏んだり枝を折ったりして、それとわかる跡を残さないよう注意する。用心に用心を重ねるために、後ろ向きで水を出れば、万が一足跡を発見されても、水に入った場所に見せかけられる。

敵手脱出

特殊部隊の訓練では、早期脱出の重要性を教えられる。このことについては序章でも、フレデリック・ラッセル・バーナムの体験を例にとって説明した。バーナムは、南アフリカにおい

米陸軍フィールド・マニュアル
回避・敵地脱出

行動の方針を決定する前に、うまく行かなかった場合にそなえてあらゆる代案を考えておく。そのために、

- 外出禁止令、検問、バリケード等による交通の規制がありえることを考慮する。
- 地元の習慣を調べておく。怪しまれないためにまねをすることもある。
- 作戦に関連のある国境地帯について情報を取得し、よく検討する。

敵が支配する領域で孤立した者は、携帯する装備を選定し、残りを放棄する方法と場所を決める。降下や潜伏の場面を、敵に見られたと仮定して行動する。重要なのは敵に捕まらないことだ。それで潜伏場所から離れなくてはならなかったり、敵地脱出行動計画からはずれたり、貴重な装備をあきらめたりする事態になったとしても、やむをえない。

てイギリス側で戦っていたときに、ボーア人の捕虜になるととっさにけがをしたふりをした。直感とアメリカ先住民と戦った経験から、移送中がもっとも捕虜の逃げやすいタイミングで、負傷した捕虜の監視はそれほど厳しくないのを、バーナムは知っていた。それで怪我人をよそおって時機をみはからい、負傷者を乗せた馬車から早々にすべり降りたのだ。

兵士も早期脱出の訓練を受ける。機会をうかがい、敵が気をそらしたときを狙えば、捕縛をのがれて脱出できる。この段階で、捕縛者が捜索隊を出すのはむずかしい。行軍を停めなければならないし、ほかの捕虜を見張る必要もあるからだ。

このほかにも次のようなさまざまな理由から、早期脱出の成功率は高くなる。

- 交戦があったあと敵部隊は、たいていまだ疲れが残っていて、統率が乱れている。
- 捕虜の護送には、わずかな人数しか割りあてられていない。
- 敵にとって土地勘がない場所であれば、逃げた捕虜を追跡して探しだすのがむずかしくなる。
- まだ味方の攻撃があるときは、敵が気をとられて、脱走を試みるの

脱走

兵士は捕虜になったら、できるだけ早く脱走するよう教えられる。たとえば味方による攻撃があれば、敵の注意が散漫になり、脱走のまたとないチャンスとなる。

フェンスをのりこえる

有刺鉄線のフェンスは手強い障害物となる。攻略するためには、毛布やコートで有刺鉄線をくるむとよいだろう。追手が犬連れで追跡しているなら、その足を止められるはずだ。

にまたとないチャンスになる。

- 敵が自軍の基地に戻ると、捕虜は牢や収容所に入れられて、警備に専念する衛兵が24時間つくので、脱走のチャンスが少なくなる。

捕虜が集まって、脱走を共謀できるケースもあるだろう。ひとりの捕虜が、具合が悪いふりをする。足首の捻挫でも痙攣《けいれん》でもいい。本当に負傷していたら、倒れこんでもう一歩も歩けないことをアピールする。このようにして衛兵の気を引いている隙に、別の捕虜を逃がすのだ。

こっそり抜けだせたら、本書に出てくる追跡回避テクニックを使うことができる。脱走者が優先すべきなのは、捕縛者との距離をできるかぎりあけることだろう。行軍中ならそのルートを長く離れて捜索するとは考えにくいからだ。

収容所に入れられたら、脱出がむずかしくなったことが実感されるだろう。監視が厳重ならなおさらだ。時間をかけて準備できれば、捕虜が変装して正面の出入り口から堂々と出ていくことも可能だ。闇にまぎれてフェンスを越えてもいい。有刺鉄線のフェンスなら、毛布でフェンスをくるみ、その上を転がり降りる。脱走の方法はいうまでもなく、その収容所の環境によって異なる。収容所の衛兵の行動をよく監視していて、チャンスを利用できるその瞬間がわかっていたので、脱走に成功したという例もある。

敵地脱出

敵地脱出を果たすまでには、時間がかかることもある。数週間にもおよぶ場合もあれば、たったの数時間ですむときもある。自由の空気を吸ったら、もう二度と捕まらないようにしたいのは当然だ。そのため特殊部隊や空軍の訓練では、敵地脱出を可能にする数多くの重要スキルをつめこまれる。

ナビゲーション

脱走したばかりの兵士はもちろん、同じ場所を堂々めぐりしたいとは思っていない。だが敵の手に落ちていたなら、地図やコンパスは手もとにないはずだ。

太陽や星は一定の法則で運動しているため、逃亡者はそれを頼りに方位を割りだせる。太陽は東から昇って西に沈む。正午には北半球で南中し、南半球で北中する。北半球でアナログ時計があるなら、短針を太陽に向けてもつ。このとき、短針と文字盤の12のあいだの角を2等分する線が、真南をさしている。南半球の場合は、文字盤の12を太陽に向けると、12と短針のあいだの角を2等分する線が、真北をさ

時計によるナビゲーション

アナログ時計を使えば、北と南がわかる。北半球では短針を太陽に向ける。このとき短針と文字盤の 12 のあいだを 2 等分する線が、真南をさす。南半球では 12 を太陽に向けてもち、短針と 12 のあいだを 2 等分する線が、真北をさす。

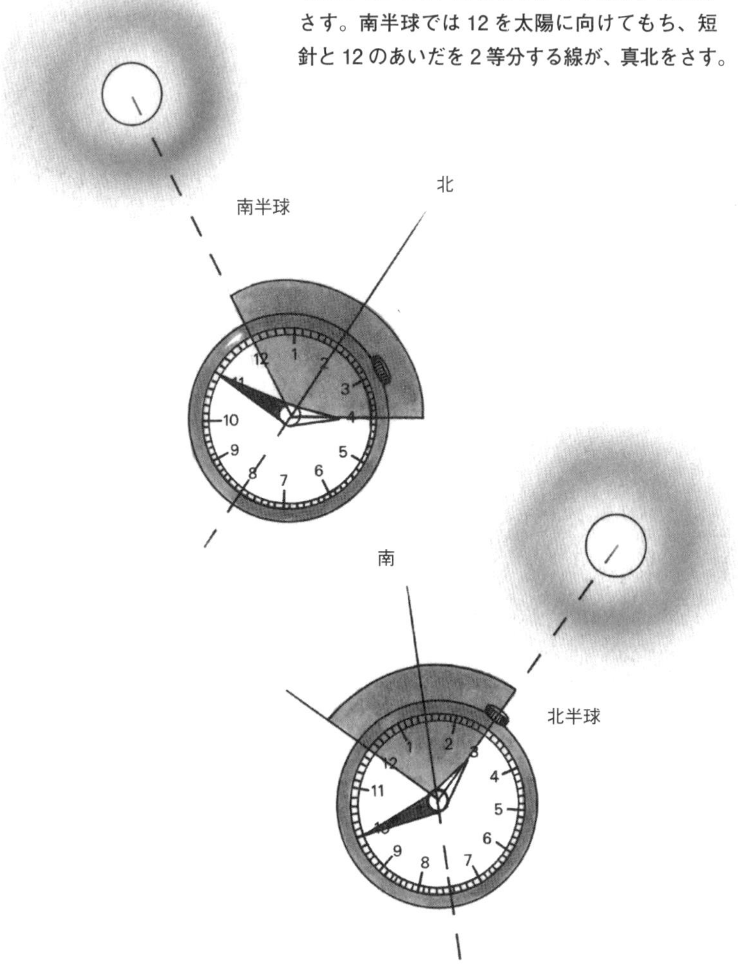

北極星

何世紀ものあいだ北極星(ポラリス)は、道しるべとして使われてきた。その星が北極星かどうかを確かめるためには、北斗七星のひしゃくの先を延長する。その星が延長線上にあり、反対側のカシオペアにはさまれているなら、まちがいなく北極星だ。

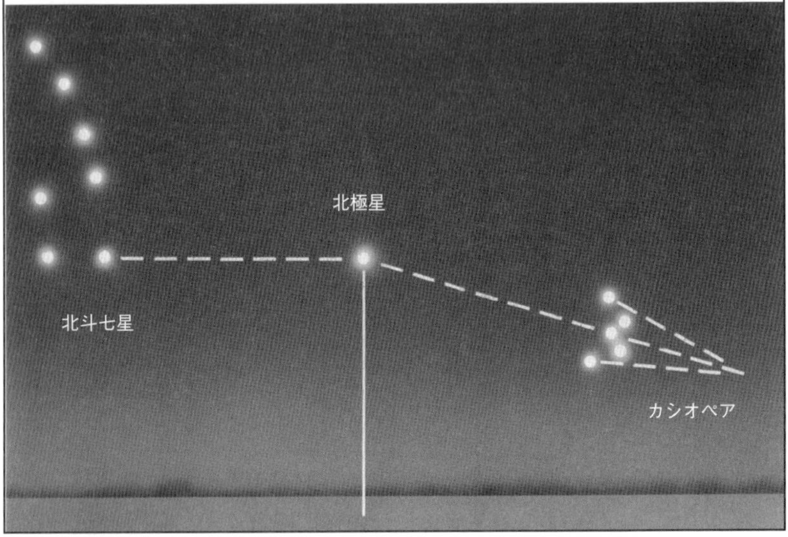

している。

だが、逃亡するときまで時計を所持していることはめったにないだろう。それでも、影から方位を知る方法はある。棒の影がよく見えるように、地面の何もない場所に棒を立ててみよう。影ができたら、そこに小枝や石を置いて目印にする。それから影が5、6センチ動くまで10〜15分待つ。そして、動いた影の第2の位置をマークする。第1の印と第2の印を線で結ぶと、これが正確に東西をさしている。また北半球で、第1の印を左に、第2の印を右にして立つと、真正面が北になる。

もうひとつの棒を使う方法では、平らで何もない場所に、長さ50センチ程度の棒を立てる。その棒に細ひもをつけて、朝、棒の影の先に印をつけ、その長さと同じ半径で、棒のまわりの地面に円を描く。午後になるまで待って、棒の影がふたたび円と接したら、そこに第2の印をつける。第1と第2

南十字星によるナビゲーション

南半球でもっとも目立つ星座は南十字星だ。その東側（左）には、ポインター（指針）と呼ばれるふたつの星がつねに輝いている。

南十字星の南東方向のすぐ横には、暗黒星雲のコールサックがあり、星のない真っ黒な空間になっている。

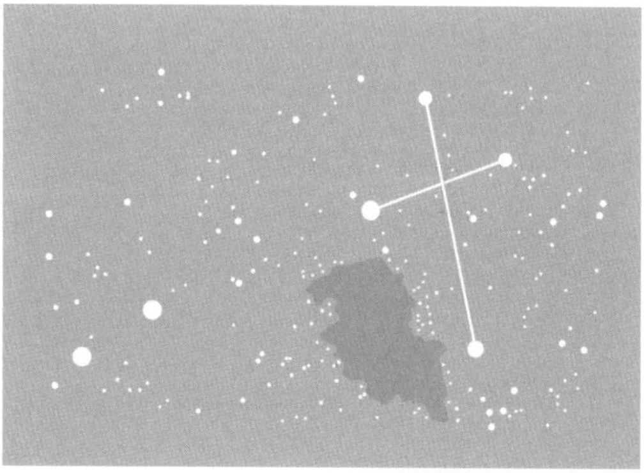

十字が直立する形で南十字星が夜空に現れたときは、縦軸をまっすぐ下して水平線とぶつかったところが南になる。

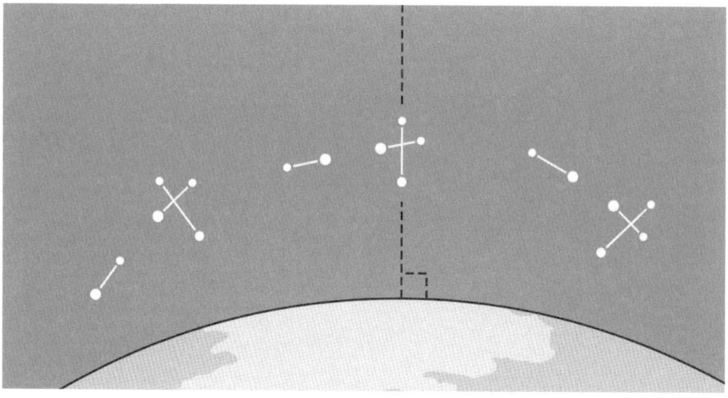

影から時間と方位を知る方法

時間と方位を知るために、逃亡の場面でよく使われてきた方法である。本文の説明にもあるように、この方法は覚えやすく、方位と時間を導きだすのに数本の棒と太陽しか必要としない。

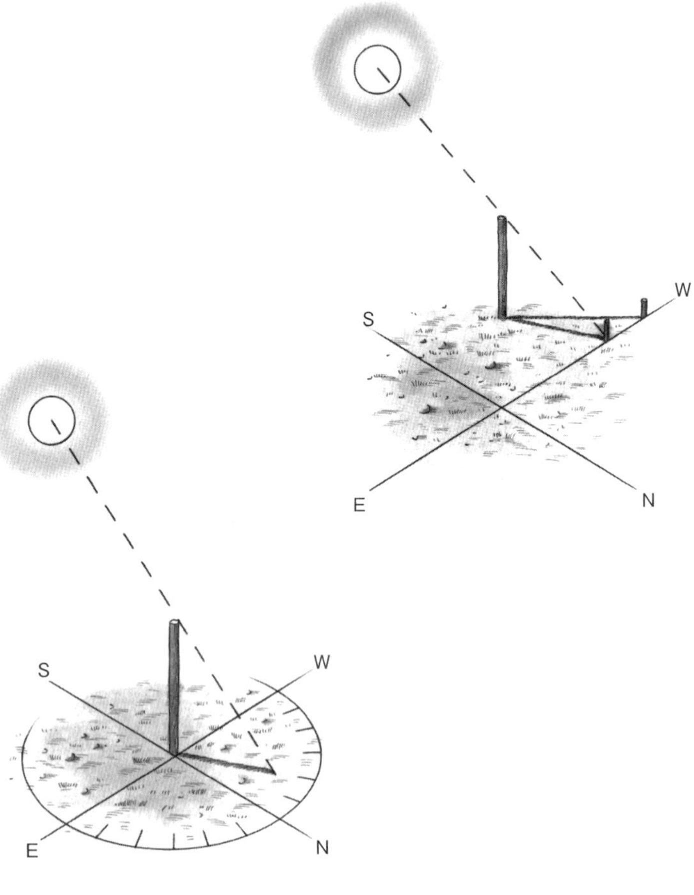

火

敵に目撃されるおそれがあるときの火熾《おこ》しは、危険をともなう。だが火は暖をとり、料理をするのに欠かせない。状況が許せば、火を熾すのが的確な場合もあるだろう。サバイバル・キットにはたいてい防風マッチが入っているが、使いきってしまったり、サバイバル・キットを敵にとりあげられたりする場合もある。

拡大鏡　これもまた簡便な発火法で、しかも使用してもマッチのように減ったりしない。角度をうまく調節して太陽の光をレンズに集め、火口（火のつきやすいもの）にする乾燥した紙や草に焦点を合わせる。煙が出て火口がちろちろ燃えはじめたら、そっと息を吹きかけてやると、火の勢いが増すだろう。

火打ち石　サバイバル・キットにはたいてい、小型のノコギリと小型の金属製の棒が入っている。ノコギリを棒にあてて前後にこすると火花が出るので、乾燥した草のようなものの上に落とす。または、火打ち石を金属に打ちつける。

弓と錐《きり》　ヤナギなどの枝で弓を作り、その両端にひもの弦を結びつけて張る。錐を作る。棒の片方の端だけをとがらせ、もう片方を丸みをおびた形にする。こぶし大の木片を用意し、棒の丸い端がはまるように、木片の中央に丸い穴をあける。これがハンドピースとなる。錐のとがった先を台木にあて、その近くに乾燥した火口を置く。弓の弦を錐に巻きつけたら錐が動かないようにハンドピースで上から抑えつけ、弓を前後に引いて錐を回転させる。

錐もみ　棒を用意し、台木の上で両手ではさんで高速で回転させる。その近くに火口を置いておく。しばらくすると、台木と火口から煙があがって火がつく。

火鋤《ひすき》　柔らかい木に溝を彫り、固い木の棒でその溝を前後にこする。摩擦で十分な熱が発生すれば、木の棒でこすっているうちに出た木くずに火がつく。乾燥した草のようなものを火にくべて、炎を燃えたたせる。

火鋤《ひすき》

摩擦による発火法にはさまざまな方式があるが、これもそのひとつ。棒で溝をすばやく前後にこすると、熱が発生する。

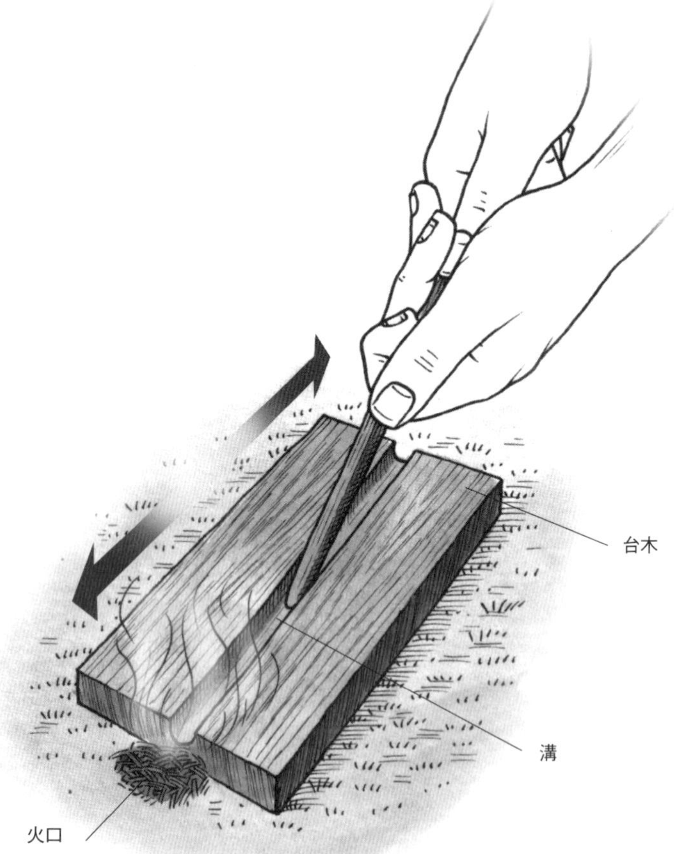

錐《きり》もみ

溝にさしこんだ棒を両手でこするようにして勢いよく回転させると、摩擦熱で高温になり火口に火がつく。

の印を結んだ線が、東西の方向を示している。この線と垂直に交わる線が、南北をさしている。

星を観察して方位を割りだす方法もある。北半球では、北極星《ポラリス》は、北斗七星とカシオペア座のあいだにつねに位置している。南半球では、南十字星の長いほうの軸を下方に4.5倍延長すると、ちょうど地平線に達する。その真下の位置が、南を示している。

星の動きから、方位を判断することもできる。まずは、星の動きを知る目安にするために、地上に２カ所の目印を決める。観察している星が昇っているようなら、だいたい東の方向を見ている。星が沈んでいるようなら、ほぼ西を向いている。北半球で右に移動しているように見えるときは、おおよそ南、左に移動しているようなら北に面している。

手製コンパス

小型のコンパスは避難キットに入っているはずで、ボタンなどにしこまれるタイプもあるが、逃亡前に敵に何もかもとりあげられることもありえる。

金属製の縫い針のようなものがあったら、半分に折って、片方を方位磁針、もう片方を軸にする。軸にする針の先を、容器の裏から貫通させる。ボールペンの口金のようなものを容器の底に置き、その穴から軸にした針の先を出して、糊やガム、樹液で磁針の中央部分に接着させる。

あるいは、安全カミソリの刃を髪の毛や糸でつりさげてもよい。

金属を磁化するためには、絹の生地に一定方向にこすりつける。金属を磁石で一定方向にこすっても、磁化することができる。

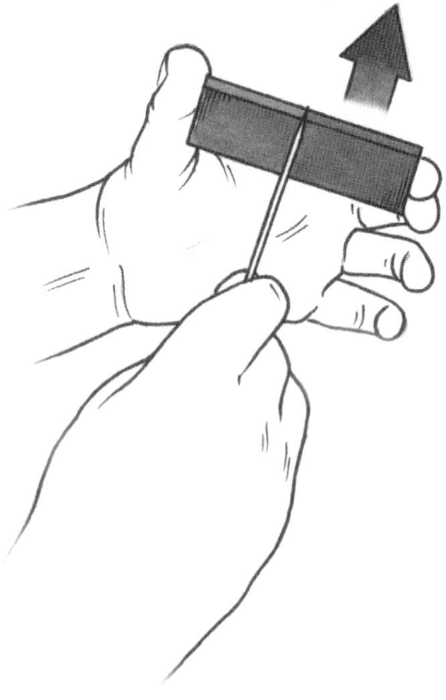

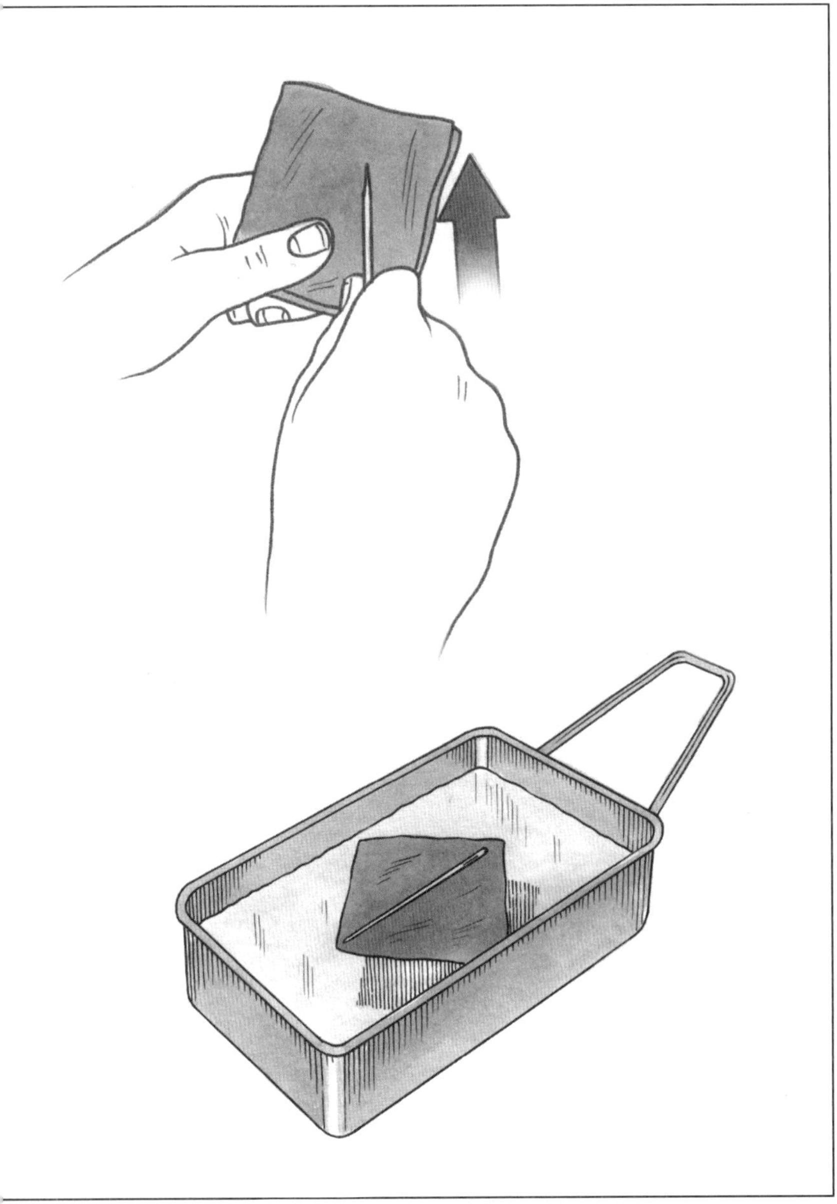

ケーススタディ 2
伝統的手法の追跡

娘を救出したダニエル・ブーン

ダニエル・ブーン（1734～1820年頃）は、アメリカの西部開拓時代の初期を象徴する人物である。両親は、イギリスのデヴォン州から移民してきたクエーカー教徒だった。ブーンはヴァージニアからケンタッキーに抜けるカンバーランド・ギャップの開拓に貢献した。この西部への入植を可能にした山道は、のちにブーンお気に入りの猟場となったが、先住民のショーニー族にとっては、部族だけに属する領地だった。一度彼はショーニー族に捕まり、体中の皮を剥《は》がれて二度と足を踏み入れるなと警告されている。

白人との反目が長引くと、先住民は入植者を震えあがらせて追い出すために、すさまじい残虐行為に出ることもあった。そうした意味で先住民は、ある程度の成功をおさめていた。1776年には同種のテロ攻撃がブーンにも向けられた。ショーニー族の襲撃部隊が、彼の10代の娘ジェマイマと友人の少女ふたりを誘拐したのだ。ブーンには、娘のその後の運命が手にとるようにわかった。息子のジェームズが、それより前にショーニー族に誘拐されて、拷問のすえに殺されていたからだ。

ショーニー族は、すくなくとも2日間分の差をつけて逃げていたが、ブーンは確実に娘を発見するために、ハンターとして、また辺境の開拓者として長年身につけた追跡のテクニックを総動員した。そしてついに娘をつれたショーニー族に追いつくと、形勢を逆転させた。今度は人狩りをしたほうが、狩られる立場になった。ブーンはショーニー族を待ち伏せて襲い、3人の少女をとりもどした。

助けに向かった者が見つけやすいようにと、少女らが移動の途中で目印になる物を残そうとした、という説もある。ブーンと仲間が、ドレスのきれ端などの目印をひろいあげて追跡の手がかりにくわえた、というのは、あながちありえない話ではない。

ジェロニモ

ジェロニモ（1829～1909年）は、チリカワ・アパッチ族のシャーマンである。母親と妻子がメキシコ人に惨殺されると、おもにメキシコ人を標的にたび重なる報復攻撃をかけた。アメリカ合衆国によって4000人のアパッチ族が特別保留地に強制移動させられたあとは、仲間を率いて反撃に出て次々と白人を襲い、激烈で残忍な戦いをくり広げた。

だがついにジョージ・F・クルック中佐を指揮官とする部隊に惨敗して、1884年1月に降伏した。とはいえジェロニモは、保留地でおとなしく余生をすごすような男ではなかった。1885年5月には、彼をしたう仲間とともに脱走に成功している。

ジェロニモがふたたび野に放たれると、大規模な捜索隊が編制された。このジェロニモ狩りで、指揮官ヘンリー・ロートン大尉は、フォートワチューカを本拠とする第4騎兵隊B小隊を、もうひとりの指揮官チャールズ・B・ゲートウッド中尉は、先住民の斥候隊を率いた。両者は、先住民との戦いの経験が豊富で、とくに先住民の斥候隊を従えるゲートウッドは、彼らの戦いの流儀を熟知していたので、逆に先住民から一目置かれる存在となっていた。

それでもジェロニモの居場所をつきとめて、アパッチ族との対決がようやく実現するまでには、ほぼ1年をついやした。アパッチは生来の土地勘があり、神出鬼没に動きまわる。アメリカ軍の兵士は、それに不屈の決意をもって対抗し、追跡しているまさにその相手から、数々のテクニックを習得した。ゲートウッド自身も、できるだけアパッチの言葉を学んで、受けいれられようと努力した。その当時のアメリカ人将校にはめずらしく、彼には、指揮下にある先住民から学ぼうとする謙虚さがあった。ゲートウッドは悟っていたのだ。たとえ自分がウェストポイントの士官学校を出て、さまざまな兵法を知っていても、アパッチには追跡や偵察のテクニックなど、多くの面でかなわないことを。アパッチ族のゲートウッドに対する敬意の大きさは、ジェロニモ本人の言葉からもうかがえる。「お前はどこのアパッチのキャンプに来てもいい…危害はくわえないから、安心しろ」

つまりジェロニモを最後に追いつめたのは、経験豊かな斥候だったのだ。そして彼の達人技のほとんどすべては、配下の斥候をはじめとする先住民から学びとられたのである。

ラインハルト・ハイドリヒと特殊作戦執行部（SOE）

ラインハルト・ハイドリヒ（1904～42年）は、オサマ・ビン・ラディンもアマチュアに思わせるほどの悪党だ。外見はいかにもドイツ中流階級の教養ある市民で、気品さえ漂わせている。父親はワグナーを崇拝する典雅な音楽家だった。が、その息子はドイツでヒトラーに次ぐ凶悪な人物と目されて、ナチの党員からも恐れられる存在だった。

ハイドリヒは、1941年にボヘミア＝

モラヴィア保護領の事実上の総督に任命されると、ヒトラーへの「ご機嫌とり」に、大量虐殺と積極的経済政策、すなわちアメとムチを使いわけて、チェコ人の抵抗を鎮めた。この鮮やかな成功のために、ハイドリヒは身の安全を過信するようになる。それは命を代償とする誤算だった。ハイドリヒは、チェコ人は心底自分を恐れているため、襲撃してくるような大それたまねはしないだろうと、タカをくくっていた。それでオープンカーのメルセデスに乗り、運転手以外の護衛も

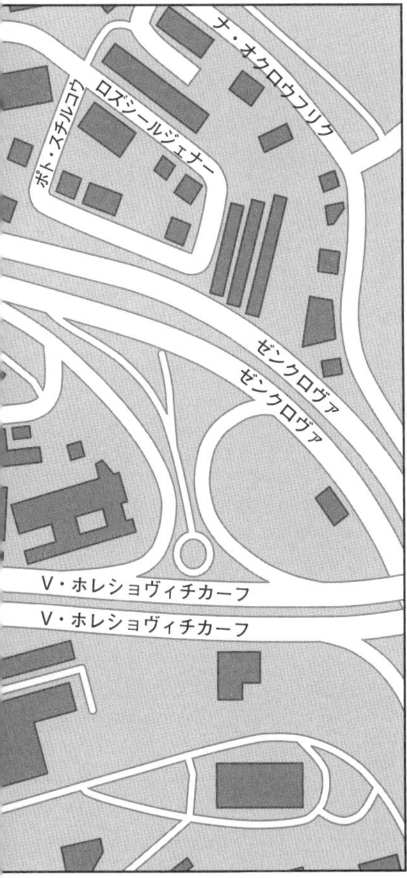

ラインハルト・ハイドリヒは、プラハのホレショヴィツェの交差点で、SOE工作員の待ち伏せ攻撃を受けた。

つけずに、毎日同じルートでプラハ城に出勤していたのだ。

　ハイドリヒを追いつめて暗殺する作戦は、イギリスに亡命していたチェコ軍情報部とイギリス軍特殊作戦執行部（SOE）によって計画された。1941年12月29日、ふたりのチェコ人のSOE工作員、ヤン・クビシュとヨセフ・ガブチックが、イギリス空軍第138飛行隊のハリファックス爆撃機からチェコスロヴァキアにパラシュート降下した。

　5月27日、ふたりはホレショヴィツェ通りのとある交差点に向かった。ちょうどヘアピン・カーブになっている場所で、ハイドリヒの車はその直前でかならず減速することになる。ガブチックは、近くの路面電車の停留場にたたずんでいた。レインコートの下にはステン短機関銃をしのばせている。クビシュの合図でハイドリヒの車の接近を知ると、ガブチックは通りをチェックしてから、短機関銃を抱えたままカーブのすぐそばで待ちうけた。車がブレーキをかけた。ガブチックがレインコートをはねのけ、ステン短機関銃の狙いを定めてトリガーを引く。が、銃は給弾不良《ジャム》を起こして、沈黙したままだ。ハイドリヒはそのようすを目にとめると、運転手に停車するよう命じて、拳銃を手に立ちあがった。クビシュはそのチャンスを逃さなかった。メルセデスめがけて爆弾を投げると後輪にあたり、そこで爆発した。ハイドリヒはそのときに負ったけがのために死亡した。

イラクリオン
レティムノ
カツァンバス
ドイツ軍の
駐屯地域
フォルテツァ
クノッソス
スピリア
フォイニキア
メサラ平原
クシロポタモシュ川
SOE工作員が、クライペ将軍をクレタ島
のイラクリオン道路で拉致
アノ・アルハネスの
ドイツ軍司令部
イディ山の
合流地点
カンリ・カステリ

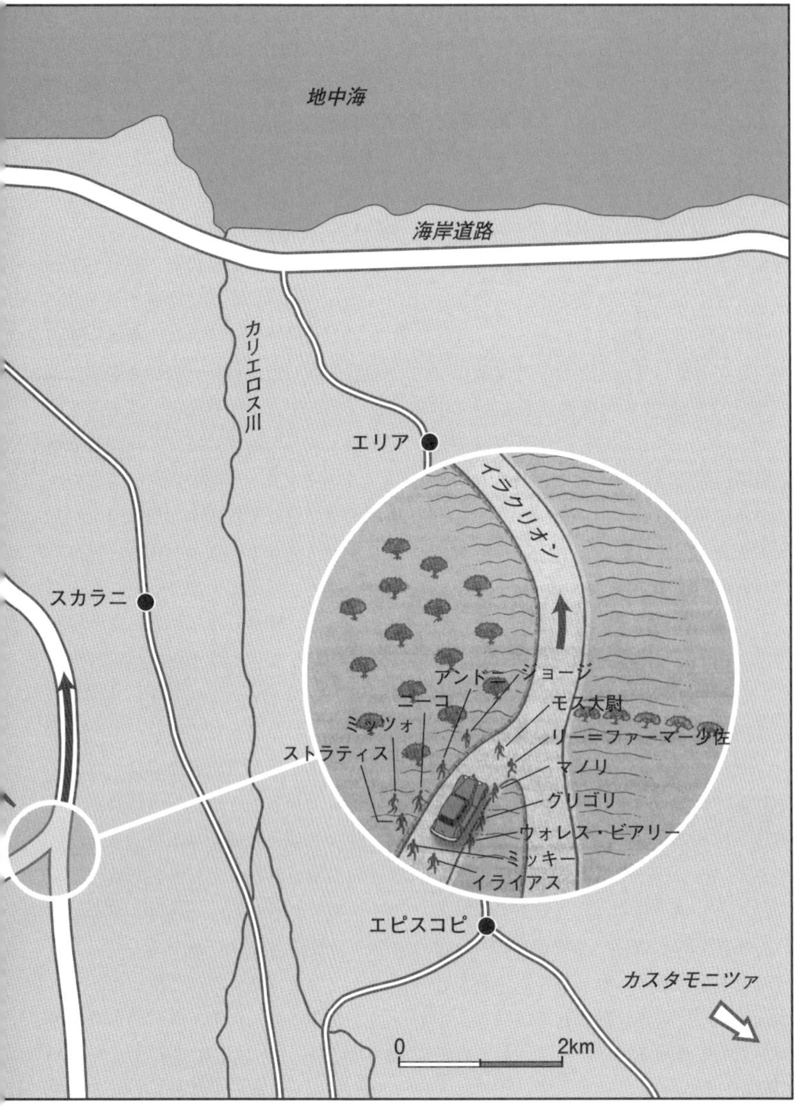

地中海
海岸道路
カリエロス川
エリア
スカラニ
エピスコピ
カスタモニツァ
イラクリオン
アンドニ
ジョージ
ニーコ
モス大尉
ミッツォ
リー＝ファーマー少佐
ストラティス
マノリ
グリゴリ
ウォレス・ビアリー
ミッキー
イライアス
0
2km

現場の通りには、イギリス製のステン短機関銃やプラスティック爆弾といった証拠が残っていて、イギリスが手をくだしたことは、火を見るよりも明らかだった。ところがヒトラーはチェコ人への報復を命じて、リディツェ村を壊滅させた。この村では男は全員銃殺され、女は強制収容所に送られて、子どもは「ドイツ化」するためにつれ去られた。村は、火をつけられて灰燼《かいじん》と化した。

そして今度は狩る側が狩られる側になった。SOE 工作員の捜索は難航していたが、チェコ人の SOE 工作員が裏切ったため、正教会の地下墓地に隠れているところを発見された。クビシュとガブチックを含む工作員は、激しい銃撃戦に斃《たお》れ、あるいはみずからの命を断った。

クレタ島のクライペ将軍拉致

1941 年、イギリスがドイツにクレタ島を明け渡すと、ドイツのフリードリヒ＝ヴィルヘルム・ミュラー将軍は、島民を残忍さと恐怖で支配した。イギリス SOE（特殊作戦執行部）はその非人道性ゆえに、ミュラーを拉致してエジプトに連行する計画を立てた。しかもクレタ人への報復を防ぐため、イギリス特殊戦闘員による実行がはっきりわかる作戦が考えられた。作戦が発動される頃には、クレタ島の独軍司令官はミュラーからハインリヒ・クライペに替わっていたが、それでもやはり計画続行の決定がくだされた。作戦の中心的役割を果たした SOE 工作員は、パトリック・リー＝ファーマー少佐とウィリアム・スタンリー・モス大尉である。このふたりには、仲間の SOE 工作員とクレタ人レジスタンスの戦士による援護チームがついていた。

クライペ将軍は自分の車で移動しており、運転手以外に同乗者はいなかった。リー＝ファーマーとモスは、ドイツ軍の憲兵に変装した。ふたりは旗をふって車を止めるとドアをこじ開け、運転手を警棒で殴り倒した。車に乗りこんだ襲撃者は、その後ドイツ軍の検問所を 22 カ所通過しなければならなかった。

まもなくハンターは追われる立場になった。独軍は地上でも空からも、島をしらみつぶしに捜索しはじめた。クライペ将軍を解放しなければ地元住民に報復がおよぶ、とおどすチラシも空からバラまかれた。イギリス軍将校とクレタ人のレジスタンス、そしてその捕虜は、斥候に助けられながら、クレタの山岳地帯に退路を見出さなければならなかった。ぶじイギリス海軍船艇と落ちあえれば、エジプトにのがれられる。一行は、羊飼いの小屋や洞窟に身をひそめた。

そして方々探しまわってやっと、人気のない海岸を見つけた。独軍の歩哨に見張られてもいない。SOE らは、モールス信号を送って回収を要請した。そしてようやく、満杯のイギリス軍のコマンドーを乗せて、機動艇が到着した。彼らは一戦交えるのを期待していたが、そのあたりにドイツ人がいないのを知るとひどく落胆した。

ボルネオのSAS

1963年、イギリス領北ボルネオとイギリス直轄植民地のサバとサラワクを統合してマレーシアが成立すると、インドネシアがこの新たな決定に不満をもち、国境地帯に軍を派遣して日常的に衝突を起こすようになった。

ジョン・エドワーズ少佐を指揮官とする第22SAS連隊A中隊は、ボルネオの国境でそうした敵の動きを封じるために派遣された。国境は1500キロメートルもの広い範囲におよんだため、この任務はたやすいものではなかった。それでもSAS隊員は、この特殊な任務でもっとも頼りになる味方は現地の部族民であることを理解していた。この地域をまるで自分の庭のように知っている人々だからだ。

SASは国境にパトロール隊21個を展開し、それぞれのパトロール隊が地元の村と良好な関係を築くようにつとめた。SAS隊員は村に足を運ぶと、医療行為や新たな施設の建設を行なって、村人の生活を支援した。すると徐々に信頼関係が築かれていった。村人は追跡人となる協力者を出すとともに、その地域にかんする重要な情報を教えてくれた。このような方法でSASは、4人組パトロール隊という小人数で、実質的には大勢の熟練した追跡者を自由に使っていたのである。地元民は敵の動向について、重要な情報を提供してくれた。

状況によっては、大規模な通常軍の部隊のために、SASパトロール隊が誘導と追跡を引き受けることもあった。イギリスは「クラレット」作戦の名のもとに、インドネシア軍を押しかえすために、任務部隊を越境させはじめた。特殊舟艇部隊（SBS）もあちこちの川をさかのぼって、インドネシア人兵力を標的に襲撃をかけた。

その際おもにとられた戦術は、待ち伏せ攻撃である。こうした場合SASと追跡者は、ジャングルで戦うための最高水準のテクニックを身につけている必要がある。敵に見つからないように伏撃の陣地に入り、敵の動きについて的確な予想をしなければならないからだ。

SASはボルネオで、インドネシア兵の動きを封じて、対反乱作戦を成功させた。

タイムライン

1776年7月14日　ジェマイマ・ブーンとふたりの十代の少女が、ショーニー族の戦士団に誘拐される。その跡をつけはじめたダニエル・ブーンが、ついにはその居場所をつきとめて、少女たちを救出する。

1885年5月　アパッチ族のシャーマン、ジェロニモが、彼をしたう仲間とともに保留地から脱走する。

1886年9月4日　長期にわたる捜索のすえに、ジェロニモと仲間が米軍に投降する。

1941年12月29日　チェコ人のSOE工作員ふたりがイギリスを飛びたち、チェコスロヴァキアにパラシュート降下する。目的は、ナチの高官ラインハルト・ハイドリヒの追跡と暗殺だった。

1942年5月27日　SOE工作員がハイドリヒの車に爆弾を投げつけ、致命傷を負わせる。

1944年4月26日　SOE工作員のパトリック・リー＝ファーマー少佐とウィリアム・スタンリー・モス大尉が、クレタ島のドイツ軍司令官クライペ将軍を拉致する。

1944年5月14日　SOEチームと将軍が、イギリス軍の機動艇によって回収され、エジプトに向かう。

1963年初め　SASの中隊がボルネオ島に到着。インドネシア軍のゲリラ活動に対抗するため、サラワクの国境をパトロールする。

1964年7月～1966年7月　「クラレット」作戦が展開される。SASをはじめとするイギリス軍部隊、オーストラリア、ニュージーランドなどの同盟国部隊が、越境パトロールを遂行してインドネシア軍の動きを封じた。

第2章

野外での追跡では、狩りで何千年も実践されてきた技能が数多く使われている。

野外追跡の基本

経験豊かな追跡者についてまっさきに気づくのは、周囲の環境を知りつくしていることだ。追跡者といっても、追跡を生業にしているスコットランドのギリーのような猟場管理人や、プロの捜索組織の人間、あるいは軍の兵士もいる。環境を熟知する、という第1の原則は、言葉を換えれば自然の動きや状況になじんで、予期しない変化に敏感になる、ということだ。

追跡やフィールド・クラフトでは、観察のテクニックなどの多様な技能にくわえて、忍耐強さと、カムフラージュや隠蔽についての知識が要求される。

追跡者の思考

野外で長時間をすごす者は、研ぎすまされた感覚をもっていて、わずかな動きや音、匂いも察知しやすい。フレデリック・ラッセル・バーナムやフレデリック・コートニー・セルースのような人物と会った者は、彼らの目ざとさについて言及している。こうした偵察や追跡の達人は、だだっ広い場所で目をこらして、走査する見方が身についているのだ。

野外にいると、自然に対する直感が養われる。これは都会の環境で生活しているときは、必要とされず出番もない能力だ。山野では、ときおり手がかりになる足跡以外は、かろうじて地面に残された証拠や地形的特徴を除けば、まるで痕跡が残されていないことが多い。野外生活に親しんでいる者は、つねに現在位置を意識し、ベストのルートを探している。また自然のたてるかすかな音に耳を傾け動きを悟ることによって、直感的に自然を理解できる能力を養っている。

一般的な都会人は、多少なりとも刺激の洪水に溺れて暮らしている。テレビ、パソコン、街路の広告、車や機械のたてる音、そしておそらくはあまりかぐわしくない都会の臭気。その結果、感覚は知覚的負担がかかりすぎるのを避けるために、どうしてもこうした刺激の一部を削除しようとする。都会の不快な音を消して、代わりに選択した心地よい音を聴くために、ポータブル・プレイヤーとイヤフォンを携帯している人もいる。都会ではよくわかるが、田園風景の中でイヤフォンをつけながら歩いたり走ったりしている人を見ると、違和感を覚える。そういう人はたまに聞こえる鳥の声や木々をざわめかせる風、小川のせせらぎが耳に心地よいことや、大自然の息吹に囲まれていることを知らずにいるのだろう。それはさておき、こうした音を耳にして美しい自然の風景を眺めていると、とても心が休まるものだ。

都会人は、広告やメディアがむりやり注意を引こうとして使用する鮮やかな色彩に慣れている。田舎の人間は、それより柔らかくて繊細な色調に親しんでおり、じっと観察して、すぐには見えない物や動きを見分けることができる。平均的な街の住人は、野生動物の行動をあまり気にとめない。鳥などにはまったく無関心だ。たまたまその姿をちらっと見たとしてもほとんど意

自然に対する感覚

ただ野外を歩くだけでも、自然に対する感覚が呼びさまされて鋭くなり、追跡で利用する自然の手がかりに敏感になれる。

味がない、という理由もあるだろう。動物の行動パターンは、じっくり腰を落ちつけて、注意深く静かに観察しなければ理解できない。だから読者が、都会の環境にどっぷり浸かっているなら、野外に出かけてよく見てよく聞いて、感覚を自然に慣らしてみてはどうだろうか？　そうすれば、追跡の能力も高まるはずだ。

バードウォッチングには、ある一定の場所を決めてそこを定期的に訪れる観察方法がある。そうすると鳥同士またはほかの動物集団とのかかわりを記録できる。こうしたことには、どこか電車好きと相通ずるマニアックさがあるかもしれない。それでも、定期的に

街を歩く

大都市を歩きまわっていると、周囲の騒音と喧騒に圧倒されて感覚が鈍くなる。だが現代の集中捜索ではしばしば、市街地で逃亡者を追跡する能力が求められる。

忍耐強く行なった観察が報いられれば、対象の行動パターンが解明されて、自然界へのより深い洞察が得られることもあるのだ。たいていの物事がそうであるように、少しでもわかってくると、ますます興味がわいてくるものだ。だから経験豊かな博物学者や田舎の人間には、特定の鳥が１年のうちのある時期に、生け垣の中でどのような行動をとっているのかがわかるのだろう。ところが通りがかりの者にとっては、鳥はただの鳥にしかすぎない。

有能な追跡者は、頭脳も体力も鍛えられているはずだ。研ぎすまされた感覚の持ち主であると同時に、推理力もそなえている。追跡者は直感力にすぐれて、動物や人間がその状況でとった行動を推測できなければならない。追跡中には、ある場所でかがみこんだり、歩いたり立ちどまったりしながら、足跡や痕跡を調べる。だから動きが機敏である必要もある。微細な手がかりを識別するために、細部を見逃さない高度な注意力も要する。じれったがってろくに見もせず、先へ進むようではいけない。たまたま通りかかった者が、無関係だとして気にとめないようなものでも、追跡のプロはたえずそれが意味することを自分に問いつづけなければならない。これは忍耐を要する作業だが、それとは別に、疲労のせいで推理力が働かなくなり、手がかりの分析

体力的な試練

追跡をする者は、辛抱強いと同時に体を鍛えている必要がある。作業中は小さな手がかりを求めて、地面とその周辺で、念入りな調査を延々と続けることになるからだ。

手がかりの捜索

追跡者は、捜索範囲の植物を調べて、木の葉に引っかかっているかもしれない生地のきれ端や折れた枝のような手がかりを探す。

がむずかしい状態になっているのを自覚できる判断力も必要になる。

追跡の達人は、ある意味芸術家の資質を発揮しているといえる。なにげなく通りすぎる者にとっては、木は木でしかない。追跡者なら、その木の美しさに関連する判断をするだろう。芸術家にとっては、木は造形の集合体である。その中心をなすのは木肌に表れる模様や枝の形状、葉のつき方であろう。ここで大事なのは、芸術家は対象をじっくり観察して、一般人が一瞥《いちべつ》しただけでは見えないものに気づく、ということだ。

アフリカ、ボルネオ、インドネシア、南アメリカの地域には、現在も狩猟生活をしている人々がいる。そうした大昔から現在にいたるハンターをなによりもつき動かし、思考力とすべての感覚を集中させる衝動がある。それは腹がすいているという感覚だ。空腹で冷蔵庫がカラなら、現代人でも近所のスーパーマーケットに行く程度の集中力は発揮するだろう。ただ、そのとき必要な技能はほんのわずかだ。生きるために肉を食わなければならないハンターは、確実に獲物を捕まえられるよう、あらゆる感覚の感度を最大限にあげる。現代の追跡者も、重要な手がかりの細部をなんとなく見すごしてしまわないよう、多少なりともそうしたさしせまった状況を作って、感覚を鋭敏化する

スコットランドのギリーとロヴァット・スカウト

ギリー（猟場案内人）は、ことスコットランド高地のアカシカへの接近にかけては、卓越した技能と知識をもっていることが世界的に知られている。そうしたギリーのひとりであるジョン・ブラウンは、ヴィクトリア女王お気に入りの使用人だった。

第2次ボーア戦争中の1900年には、第14代ロヴァット領主、サイモン・フレーザーが新たな斥候隊を組織した。その指揮をとったのがアメリカ人のフレデリック・ラッセル・バーナム少佐だった。バーナムは序章でも触れたように、母国のフロンティアで技能を身につけた老練な斥候だった。ロヴァット・スカウトで使われていたテクニックの多くが、現代のボーイスカウトで基本技能として教えられている。追跡のテクニッ

クもそのひとつだ。特殊部隊と同じく、斥候にとってそのテクニックは生きのびるための術だった。

それから時代が下って第１次大戦になると、名射手または狙撃手の部隊が結成された。その隊員の大半はスコットランドのハイランド出身のギリーだった。こうした者ははじめから狙撃手としての条件をそなえていた。人間離れした忍耐力をもちあわせ、隠密行動やカムフラージュの達人でもあったからだ。このロヴァット・スカウトの名射手はギリー・スーツを着ていた。そのさまざまなバージョンが、今日の狙撃手によって使われている。

サイモン・フレーザーの甥が特殊空挺部隊（SAS）の生みの親、デーヴィッド・スターリングである。

シカの警戒

シカのような動物は、嗅覚のみならず聴覚が非常に発達している。動物を追跡するときの原則は、人間の捜索にも通じる。

ことがある。空腹時に、わざとランチに食べる予定のハンバーガーやポテトチップスを思い浮かべたりするのだ。

ストーキング（静粛《せいしゅく》歩行）と隠密行動

動物の鋭い感覚は、生きのびるために役立っている。肉食動物が自然界から姿を消してしまった国々でも、シカのような動物は、今もかすかな動きや音、臭いを警戒し、敏感に反応する。シカに代表される草食動物の目は、頭の左右に分かれてついているので、両側面と背後がよく見える。また大きな耳が立っており、瞬時に音をひろえるようになっている。足が長い種類が多く、素晴らしい脚力で疾走する。

シカのような敏感な動物に、気づかれずに近づくのは至難のわざだ。シカをしとめたいと思うアマチュア狩猟家は、よく経験豊かなギリー（猟場案内人）をともなっている。ギリーは巧妙な接近術を使って、動物に姿や物音、臭いを気づかれずに狩猟家を誘導する。

カムフラージュと隠蔽

動物はカムフラージュの名人だ。多くの種類が、周囲の環境にいつのまにかまぎれてしまう。たとえばシカは、茶色のシダの藪にひそむと見分けがつ

MARPAT

米軍の海兵隊等では、ハイテクを応用した先進の迷彩パターンを採用している。

影への配慮

人影はとくに目につきやすいため、身を隠すときも自分の影への配慮は欠かせない。人の輪郭をくずすカムフラージュをすると、目立ちにくくなる。

かなくなる。雪の中のホッキョクウサギは、どこにいるのか見つけにくい。ヒョウは斑点があるために、遠方から輪郭をとらえるのが非常にむずかしい。シマウマの縞模様はアフリカの茶色のサバンナでは、背景と一体化するどころか目立ちそうだ。ところが、群れが驚いていっせいに駆けだすと、縞模様が混ざって見えて催眠効果をもたらし、ライオンのような肉食動物をまどわせる。

それと同じように、動物に逃げられずに接近するため、あるいは人間の標的から姿を見られないようにするためには、カムフラージュが必要だ。その際には周囲の環境の特徴につねに留意しなければならない。軍ではよく異なる気候帯に応じて、それぞれ違ったパターンの迷彩服を支給している。温帯、砂漠、ジャングル、北極仕様などだ。追跡する者も同様に、迷彩柄の服を身につけるべきだ。迷彩柄でなくても緑または茶色の色調なら、同じような色あいの環境で、ある程度隠蔽効果を期待できる。

市街地でカムフラージュになる迷彩服を用意している軍組織もある。そのひとつ、米海兵隊は、偽装についての科学的アプローチから、MARPAT（マーパット、「海兵隊柄」の意）迷彩服にたどり着いた。使用する色の単位を長方形にして、それを無数に配置した模様だ。この迷彩柄はデジタル迷彩パターンともいい、米海兵隊前哨狙撃スクールの協力で、最終パターンが決定した。

MARPATのデザインにあたっては、第1の視覚と第2の視覚の違いを考慮する必要があった。第2の視覚を働かせているとき人は、実際に見えている物とは別に、こういう物が見えているはずだ、という思いこみのイメージを心に描いている。そうすると対象物をまちがいなく見ていても、思っていたような形と一致しないのに気づかないこともある。第1の視覚を使っているときは、頭を白紙の状態にして周囲を分析して、見えるべき形にとらわれずに、実際に目にしているものが何かを理解しようとしている。ここでまた芸術の話になるが、絵を描くときにもよく同じことが指導される。目に見えるありのままを表現して、椅子や花瓶を描こうとしない、ということだ。画家は、描こうとする物がそもそも何なのか、どのように見えるはずなのかという先入観を頭から消して、その特定の条件で目の前にある形に神経を集中させる。たとえば第2の視覚を働かせている者は、森やシダの藪の中を見て「シカ」をイメージし、そのような形を探そうとするだろう。そんな物はきっと見えはしない。シカのカムフラージュ効果で、輪郭が周囲と溶けこんで

ヘルメットのカムフラージュ

ヘルメットにカムフラージュをほどこすと、ヘルメットと頭の輪郭を隠すことができる。カムフラージュが周囲の環境に溶けこむよう、注意しなければならない。

全地形型迷彩（MTP）

イギリス軍は、森林地帯と砂漠の活動域を行き来する兵員のために、どちらにも通用する絶妙なバランスの迷彩柄を新開発した。

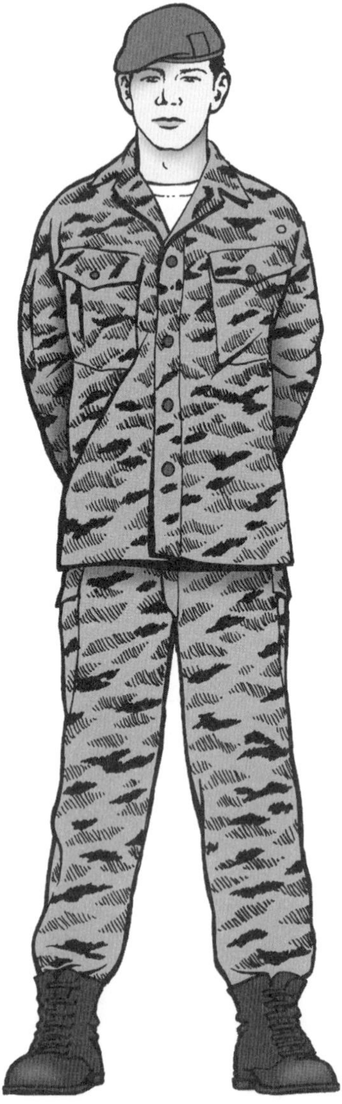

わからなくなっているからだ。だが第1の視覚を働かせている者は、目の前にあって背景の一部ではないものを識別するために、視覚的な手がかりを探そうとするだろう。ちょうどジグゾーパズルのピースを探すように。耳や尻尾を示す何かを見つけたら、そこからほかの部分に進むだろう。

もうひとつ、カムフラージュ効果をあげるために考慮すべきなのは、自然の造形と人間の創作物の違いだ。自然はえてして不揃いなパターンを作る。異なる種類の群葉が混じっているところなどは、とくにそうだ。一方人間は、同じ形を規則的にならべてパターンを作りたがる。そうした点では、カムフラージュ用の自然物で体をおおうギリー・スーツは、先進的だといえる。見えるパターンが不規則だからだ。だが注意深く分析すると、規則性のない枝葉の背景から、規則性のある戦闘服のパターンが浮いて見えるかもしれない［ギリー・スーツは戦闘服の上に着用し、ベスト型、ジャケット型などがある］。迷彩パターンのもうひとつの落とし穴は、遠方から眺めたとき細部が消えて融合してしまうことだ。そうなれば、目をまどわす効果は失せてしまう。

理想的なカムフラージュでは、それを身につけた者が背景とかぎりなく同化して見える。そこまでのレベルに到達するためには、人間とはっきりわかる形をできるだけぼやけさせなければならない。規則的なパターンにくわえて、人間は原色を使う傾向があるが、自然の色は柔らかい色調だ。たとえば緑と茶色を混ぜて野戦服を製作するとなると、十中八九、純粋な緑と純粋な茶色が用いられる。こうした色は、本物の自然の環境では目立ってしまう。そこにある自然の抑えた色調はまた、光を反射しあって微妙な濃淡をつけているのだ。標準的な迷彩パターンは鮮明な色の塊になりがちで、店で陳列されているときはよさそうでも、自然環境では突出してしまう。

大きな色の塊は迷彩効果が期待できない、というMARPATの着想の正しさは、イギリス陸軍によっても実証されている。イギリス軍は40年も使ってきた迷彩柄（DPM）を廃止して、新たな全地形型迷彩（MTP）を採用したのである。MTP迷彩服は、彩度を落とした色づかいで無機質な色の塊

追いつめられたビン・ラディン

ゴミはなぜ屋敷の敷地内で燃やして、収集に出していないのだろうか？

注意を引くもの

身を隠しながらの回避訓練や標的の追跡訓練で、なによりも重要なのは、人目を引かないことだ。時計の文字盤の反射や人の白い顔、さえぎる物がない場所へ飛びだして体の形を露出すること、あるいは速い動作でさえも要注意である。

太陽の光の反射

人の姿

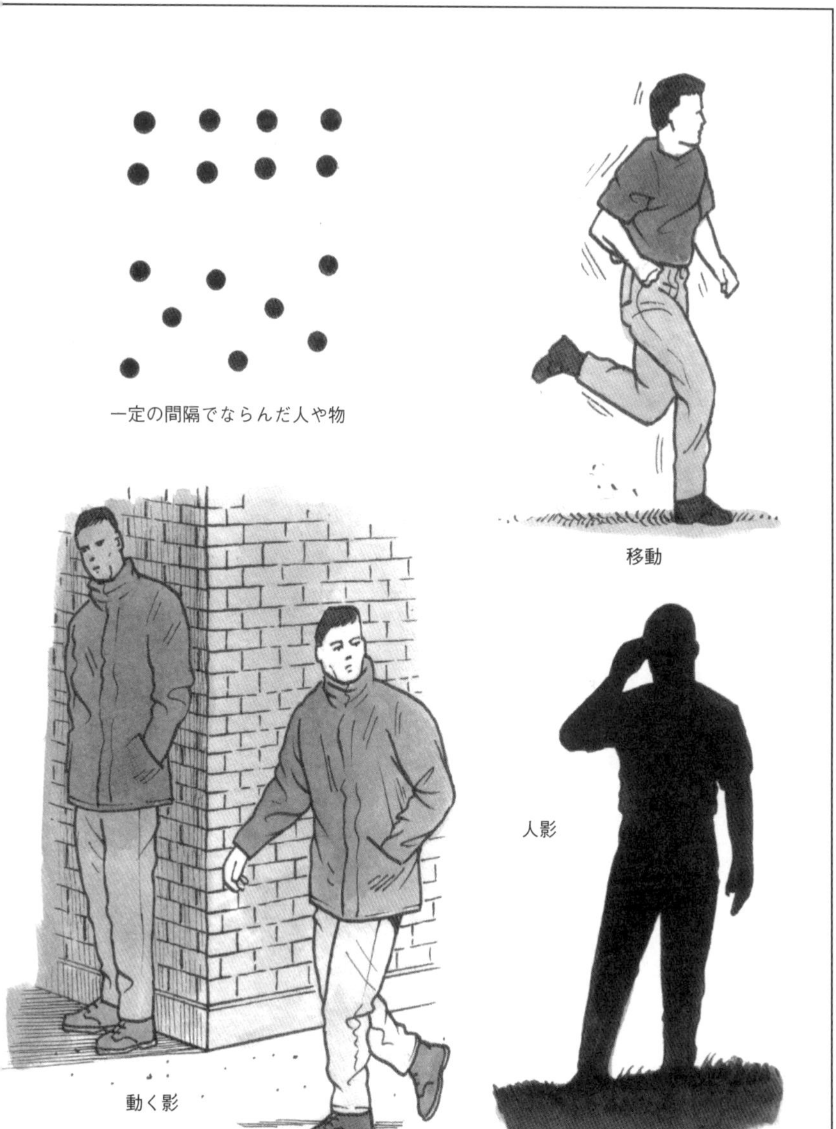
一定の間隔でならんだ人や物
移動
人影
動く影

肌のカムフラージュ

カムフラージュをするときは原則的に、人間の目が本能的に認識するような形をくずせばよい。イラストのような「斑点」模様は、温帯の広葉（落葉）樹が多い地域、砂漠、草木のない場所、降雪地域に適している。

「縞」模様のカムフラージュは、とくに針葉樹やジャングル、緑の多い地域のために考案された。顔を縦長に走る濃淡差のある縞は、周囲の草木の縦の線にうまく溶けこむ。

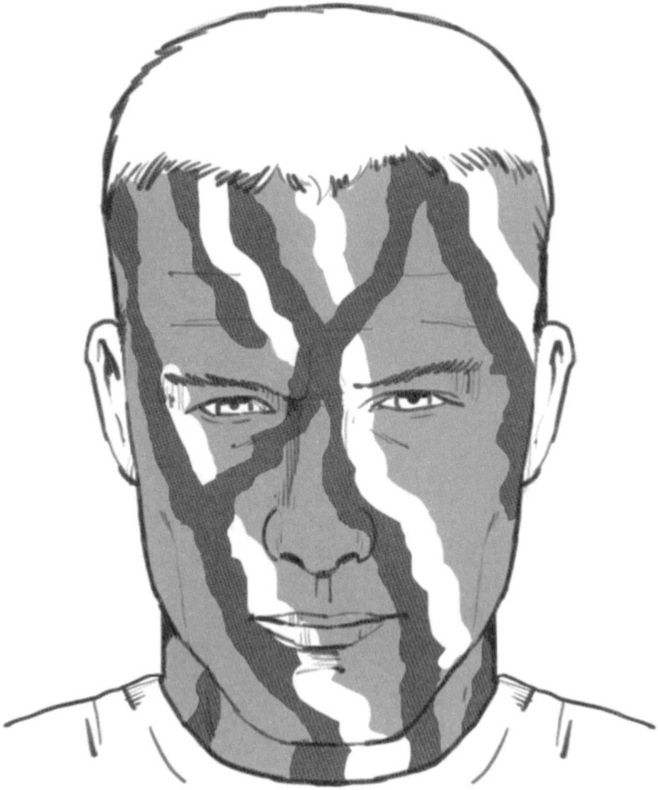

溶けこむ

体の輪郭を少しでも無防備にさらさないために、とっさに自然物を利用して、周囲の環境に溶けこむ方法がある。周囲の特徴的な形をまねた姿勢をとってみよう。木を背にして直立し、水平に伸びる木の枝に腹這いになり、山腹の岩場で丸くなって座る。

ギリー・スーツを着用した狙撃手

ギリー・スーツは、敏感なシカにしのびよるために、スコットランドのギリー、猟場案内人によって考案された。軍隊では、狙撃手や隠密任務を遂行する兵員のカムフラージュになるよう、改良がくわえられている。イラストの狙撃手は、植物にまぎれてほとんど判別できない。

に見えないだけでなく、適用できる環境が幅広い。たとえばイギリス陸軍部隊はアフガニスタンで、砂漠同然の場所と緑豊かな地域を行き来しながら戦っていた。MTP 迷彩は、もともとは特殊部隊のために開発され、科学的アプローチから考案された模様をベースにしている。ただしイギリス陸軍には砂漠専用の戦闘服もあり、砂漠での任務では使用が継続された。MTP 迷彩

ギリー・スーツ

ギリー・スーツを考案したのは、スコットランド高地のギリーだ。野生動物にしのびよる際に、人間の姿を隠すためのカムフラージュとして工夫された。一般的なタイプは、網の土台を葉のような素材でゆるくおおった作りになっている。着用するにあたり、身のまわりにある葉を多少ギリー・スーツにくわえると周囲の環境にうまく溶けこめる。ただし、つねに新鮮な植物をつけて、周囲から浮いて見えないよう注意しなければならない。ギリー・スーツの輪郭は複雑に入りくんでいて、人でも動物でも人間の形を見分けるのはむずかしい。すぐに目が疲れてしまう。

追跡棒

追跡時に使用され、足跡のあるさまざまな平面で足跡にかんする簡易測定ができる。長さは 1.2 メートル以下で、長さの区切りを示すための切りこみが入っているか、ゴム輪またはゴムバンドがはめられている。

追跡する者は、人や動物の歩幅を踵《かかと》から踵、あるいは足跡でいちばんくっきり残っている部分の間隔で測る。動物の場合はこれが、足跡の前部の爪痕になるだろう。

標準的な歩幅を測ったら、これを利用して足跡が判別しにくい場所でも、次の１歩を推測できる。たとえば地面が固い場所では、急に足跡が消えているかもしれない。だが次の１歩の見当がつけば、砂利や植物などの乱れといった手がかりを探すことができる。求める手がかりを発見したら、追跡棒を使って先に進むか、追跡を継続できるように動物あるいは人間の進路について、理にかなった推測をする。

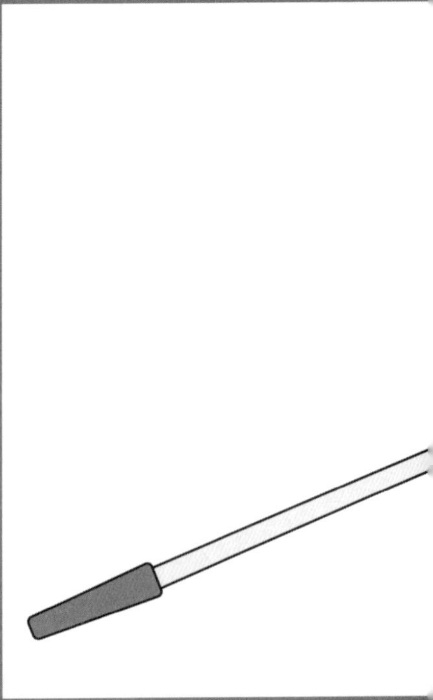

もっと進んだ使用法では、ただ歩幅を測るだけではなく、足跡から得られるさまざまなパターンの要素を記録する。たとえば、次のような情報だ。

- 棒の先端から第１の印まで――ひとつの足跡の長さ
- 第１の印から第２の印まで――ひとつの足跡の幅
- 棒の先端から第３の印まで――１歩の歩幅
- 第３の印から第４の印――右足と左足との間の幅
- 第４の印から第５の印――進行方向とのずれ幅または角度

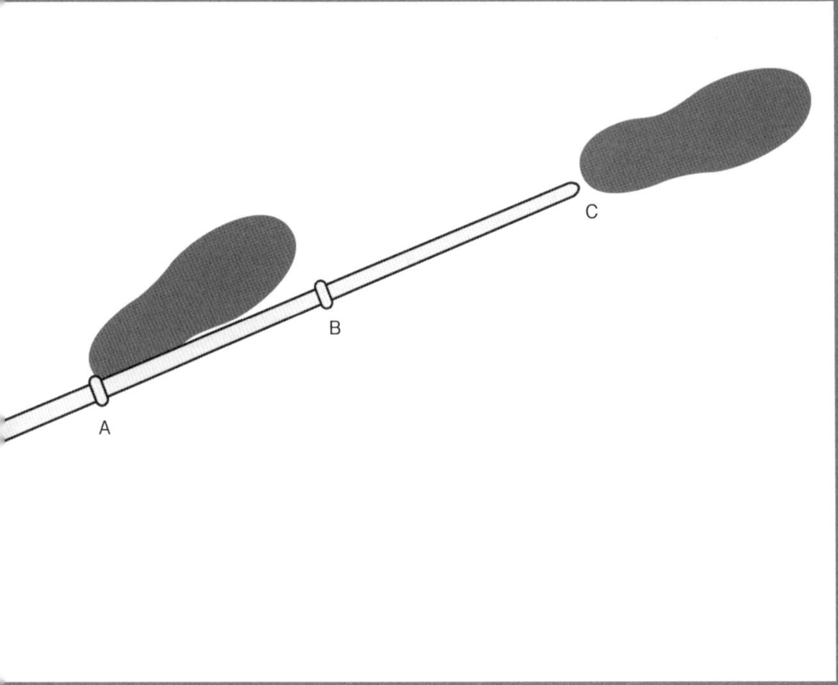

は、イギリス軍全体で進めている個人被服システム（PCS）計画の一環として開発されている。

移動

どんなに巧みな偽装をほどこしても、動いたら動物や狙撃手に簡単に居場所を見破られてしまう。動物はしばしばその可能性を最小限にするために、危険を察知したとき動きを止める。狙撃手は、狙撃や偵察の陣地に入るために長い時間をかけるべきことを心得ている。まるでナマケモノなみの速さで動くのだ。闇の隠れ蓑《みの》がないと、移動しないことも多い。

人間の目は動きを察知するのが得意だが、状況によっては、かすかな動きがわかりにくい、または見まちがえに解釈しやすいこともある。対象物を正面から見たとき、脳はその動きを解釈する傾向がある。この解釈に狂いが生じたために、その後あるべき反応に結びつかないこともある。ところが動きを周辺視野でとらえたときは解釈のプロセスがはぶかれて、動きに対しより反射的に反応できる。

目の前で指をふってみよう。ほぼまちがいなく「指がふられている」と自分で考えているのがわかるはずだ。顔の右でも左でもいい。周辺視野の端でその指をふったら、そういう解釈抜きで、動きに対しはるかに敏感に反応しやすくなる。

反射的で解釈をまじえない動きの見方は、疲労で思考力がおとろえて正しい結論を導けないときに役に立つ。ただし、動きの解釈が必要な場合もある。草や葉がゆれていて風がなければ、動物や人間がそれを動かしているのだろう。直感的に動きを察知する方法はほかにもある。影を警戒するか、近くの物や人の動きに驚いた動物の反応を探すのだ。

光の反射は、動きを容易に察知する手がかりになるが、逆に自分の居場所をあっさりバラしてしまうこともある。いくらよく偽装していても、時計の文字盤が太陽の光を反射するかもしれない。軍仕様の時計の文字盤と本体がたいてい黒いのは、そうした理由からだ。双眼鏡を携帯しているなら、これもまたすぐに光を反射する。同じことがライフルの眼鏡照準具についてもいえる。太陽だけではない。明るい月の光も反射する。

さらに、周囲と見分けのつかない迷彩服を身につけていても、顔、手、腕の白い肌が見えていては目立ってしまう。軍の兵士は、肌を偽装する「カモ（フラージュ）・クリーム」の使い方がうまい。ベース・カラーで肌の艶消しをしたら、茶、緑、黒といったそれよりも暗い色で斑点をつける。顔の輪郭

移動で運ばれたもの

追跡者は足跡以外にも、岩の上の水、植物の上の泥、草の上の砂など、移動にともなって運ばれた物にも注意をはらっている。

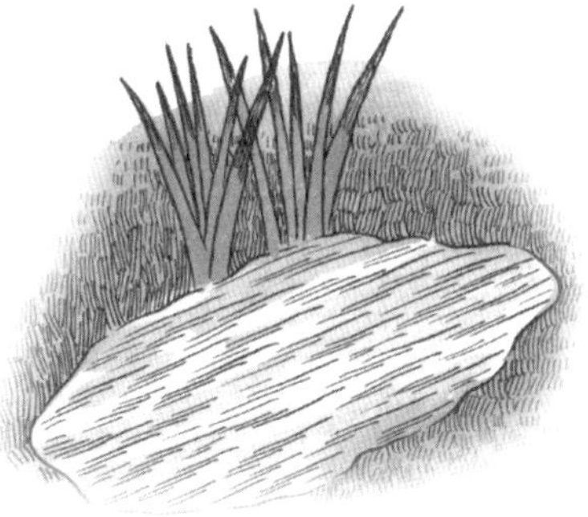

植物の上の泥

岩の上の水

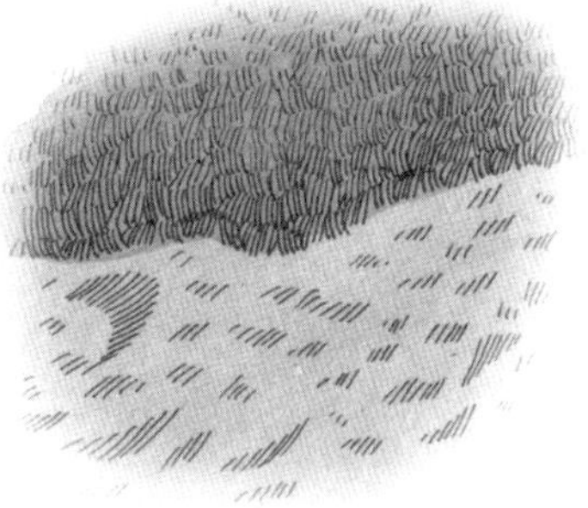

草の上の砂

がわからないようになったら完璧だ。

臭い

人間の嗅覚はあまり発達していないため、多くの動物が鋭い嗅覚をもっていて、臭いを嗅ぎわけるために、つねに臭いの豊富なデータのふるいにかけているのをすぐに忘れてしまう。

最高の偽装用の装備に投資して、完璧なストーキングをしても、動物の風上にいれば派手なアロハシャツを見せびらかして歩いているのと変わりない。追跡犬は、かなり離れた場所にいる人間の跡も追うことができる。だが、嗅覚を識別に役立てられるのは犬だけではない。マレーシアのジャングルやベトナムでは、英米の兵士は香料の入った石鹸やアフターシェーブ・ローションを使用していたために、地元の村民や反乱者に居場所をつきとめられることもあった。

習癖

ギリーや追跡のベテランは、接近の方法や標的の示す痕跡についての知識があるだけでなく、標的がとったであろう行動を本能的に察することができる。これは追跡では大きな武器となる。

それと同様に人間を追うときは、特定の状況で対象がとりそうな行動につ

さまざまな足跡

足跡の間隔から、追われている人物の状態がよくわかる。歩いている、走っている、疲れている、重い荷物を運んでいる、などの特徴が表れているのだ。

1　後ろ向きに歩いている。

2　婦人用ハイヒールを履いている。

3　軍靴を履いている。

4　重い荷物を運んでいる（足をひきずっている）。

5　走っている（歩幅が大きい）。

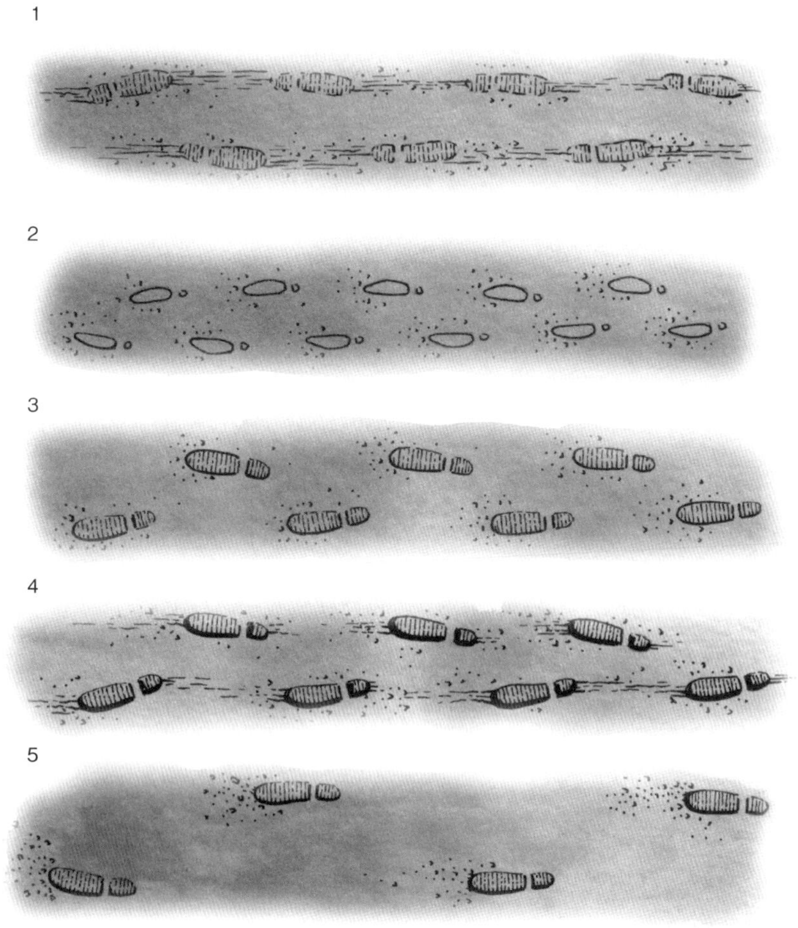
1
2
3
4
5

いて、見当をつけられる。自分も人間なのだから、たとえばある障害が立ちはだかっているときに自分ならどの道を選ぶか、追手を巻こうとするなら何をするか、自問してみるとよい。

影

この章の執筆中に、私は雨の降るなか夕方の散歩に出かけ、近くの川まで足を運んだ。川に通じる道を歩いていると、鼻を鳴らす音がしたので闇に沈んだ川を見渡すと、巨大な黒い影がぬっと現れた。影の大きさや、動物のような鼻を鳴らす音がしたこと、さらに川向こうの野原でウシがよく草を食べているのを知っていたことから、はじめはウシがいるのではないかと思った。そこでその影をよくよく見ると、動きがなくウシの形をしていないのに気づいた。それでわかったのだ。なんのことはない、影は漁師の大きな傘で、その下に座っていた漁師が鼻を鳴らしていたのだ。

当然ながら私はそのあいだずっと、影と周囲の環境、そしてそこにいそうなもの、あるいはいるに違いないものとのあいだに、論理的な相関関係を見出そうとしていた。道の先を進むと、暗闇からさらにいくつもの影が現れた。これもつかみどころのない形だが、直立している。今度は、その影は漁師で重い防水レインコートを着て立っているので、その体の形のほとんどが隠されている、という正解を導きだせた。

どちらの場合にしても、目からひろった情報を材料に、私の解釈の能力が試されていたといえる。なぜなら当然のことながら、見えているものがなんらかの脅威になりそうな状況ならとくに、対象物について一定の結論を出さなければならないからだ。見えるはずだと期待した場所で、予期していたものが見えないときは、その影の実体を把握するのに、驚くほど苦労するだろう。疲労の極にいると論理的思考が音をあげてしまって、「物が見えている」としか思えなくなる。

たとえばある特殊部隊の兵士が、一晩中野外で訓練を受けていたとする。たいていは、ずっしり重いベルゲンと武器をもたされていたはずだ。翌朝は、仮眠もとらずに所属する４人組班の歩哨に立たなければならなかった。その兵士は、ガス・マスクをつけてライフルの銃身をもった人影が、目と鼻の先まで接近してくるのが見えた、あるいは見えたと思った。大声をあげるべきか自分で発砲すべきか、判断がつかない。見えているものが、現実なのかどうかも定かでないからだ。疲れきった頭脳が、目から送られている、あるいは送られていないメッセージを解釈しようとすると、このような困った事態になる。したがって狙撃手がギリー・スーツを着てほんのわずかずつ近づけば、どんなに鋭い観察力がある歩哨もあざむくことができる。なぜなら、いつもと変わりない状況に見えていれば、頭の分析にかける以前に、その材料にする情報にならないからだ。

痕跡

動物や人が通過する場所に残した跡は「痕跡《サイン》」と呼ばれる。痕跡となるものには足跡だけでなく、細かい毛、服からほつれた糸、草木の乱れ、折れた小枝などがある。痕跡はさらに、足跡のような視覚的な痕跡と、人間や動物などによって残される臭跡、そのほかの糞やたき火などの残存物に分けることができる。視覚的痕跡は、地表痕跡《グラウンド・サイン》と上方痕跡《トップ・サイン》に分かれる。

地表痕跡

文字どおり、地面やその近くで発見される。動物や人間が残すあらゆる手がかりが含まれる。つまり地表に残れば、ほとんどなんでもこの痕跡になるということだ。あきらかに痕跡だとわかるのは、足跡、つぶれたり折れたりした植物、飛びちった石、動物の排泄物、少量の毛や衣服の繊維、そしてお菓子の包み紙やマッチ棒などのさまざまなゴミくずなどである。

足跡の測定

一般的な足跡の測定個所は、
次のとおり。

A　長さ
B　幅
C　歩幅
D　左右の足跡の間隔
E　進行方向とのずれ幅

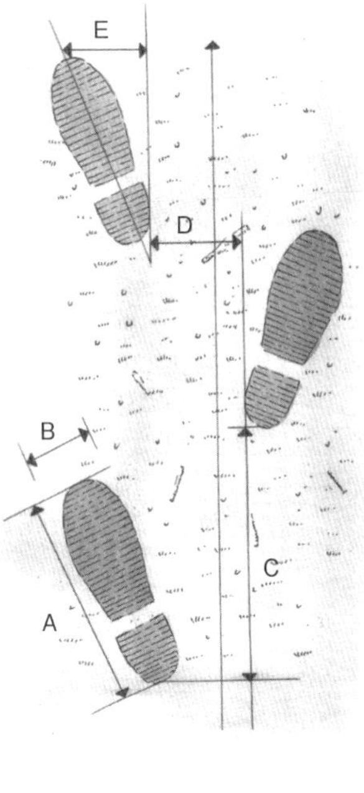

人の足跡

人がふつうの速度で歩いているときの足跡の特徴。まずかかとをつけてから地面に全体重をのせ、徐々に体重を指のつけ根に移して、最後につま先を離している。

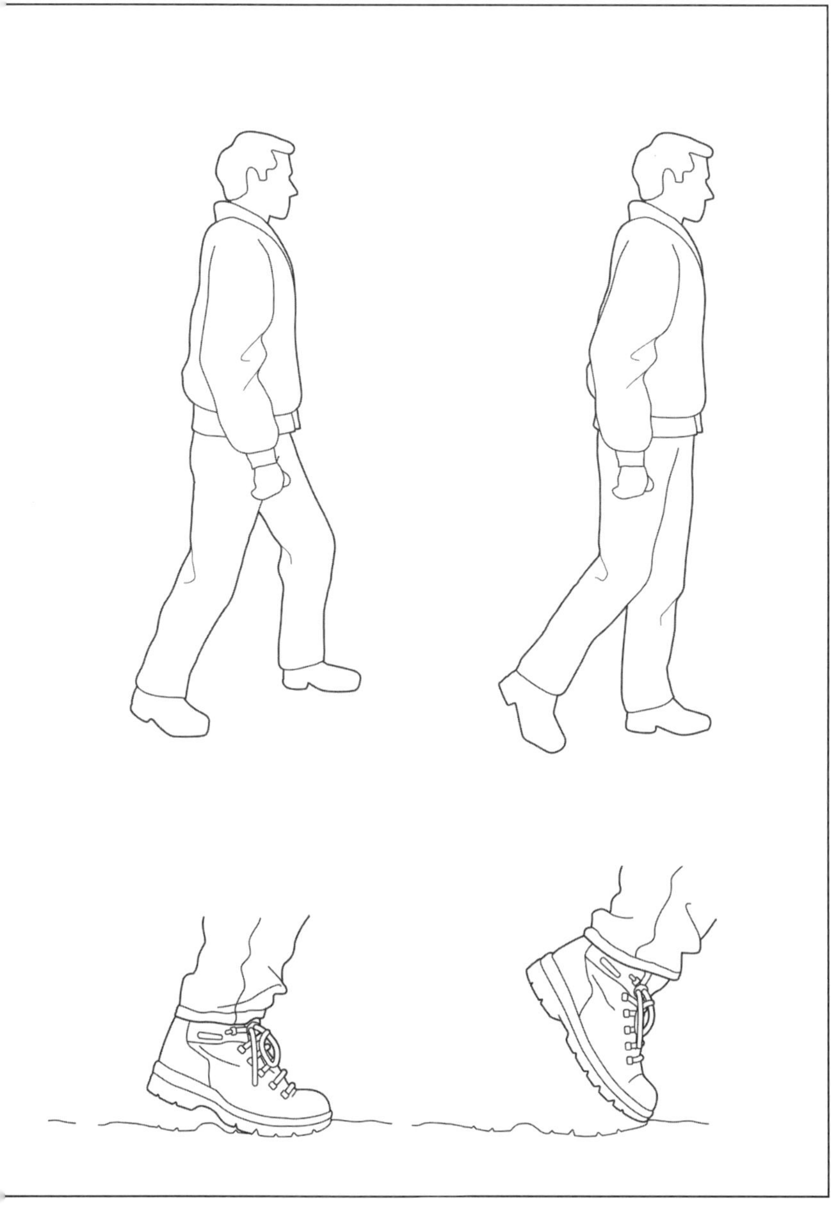

バックトラッキング

追跡者をまどわすために、自分が先につけた足跡を踏みながら後ろ向きに歩いて、足跡とは逆の方向に進む。追跡の達人なら、この回避テクニックも見破るだろう。

追跡の達人が手がかりにするのは、こうした目立つ痕跡にとどまらない。多くの場合きわめて微細な痕跡から、推理を働かせるのだ。たとえば動物によって道から跳ねとばされた石はもうそこにはないが、石の周囲に土が溜まっていたら、わずかな土の盛りあがりが残っているかもしれない。それが動物が通った証拠になるのだ。

ある場所を動物や人が通過してからたった時間も割りだせる。枝の折れ口の新鮮さ、たき火の燃えさしの暖かさなどを調べるのだ。

上方痕跡

上方痕跡は地表痕跡と似ているが、通常は膝よりも上の高さにある。木の側面についた傷、壊れたクモの巣、何者かが通りぬけたので前に倒された草、有刺鉄線に引っかかった毛の塊などがそれにあたる。動物の場合は、木を爪で引っかいたり枝を齧《かじ》ったりすることがある。動物が何かを特定の高さで荒らしているときは、その動物の体高と大きさがわかる。

足跡

足跡を見分ければ、動物の種類を簡単に特定できる。人間の足跡の場合も、靴底の模様が特徴的であれば認識がしやすくなる。有能な追跡者は、足跡から動物の種類だけを割りだすのではない。もっと幅広くて多角的な結論も導きだせる。動物の重さや大きさ、けがをしているか否か、移動のスピードや動物の気分（リラックスしているか気がたっているかなど）も見抜いてしまう。

追跡のプロがよくもち歩いている追跡棒は、歩幅や両足の間隔などを測るときに用いられる。

足跡の識別とその意味すること

人の足跡からは、たんに目に触れる以上の情報が読みとれる。すぐ見て気づくのは、靴底の模様だ。これが安定して続いているか、標的が使用している靴のタイプと一致しているか、といったことは目にしただけでわかる。だが、足跡をさらによく調べると、それ以上の手がかりも引きだせる。

足跡が裸足のものなら、足を区別する方法は山ほどある。指と指の離れ方や、「回内運動」でかけられる圧力の強さなどを見るのだ。足の「回内運動」では、足の甲が足の外側から内側に向

複数の足跡の判定

特定の範囲を決めると、その範囲を通過した人数を割りだし、さらには集団の大きさを判定することができる。

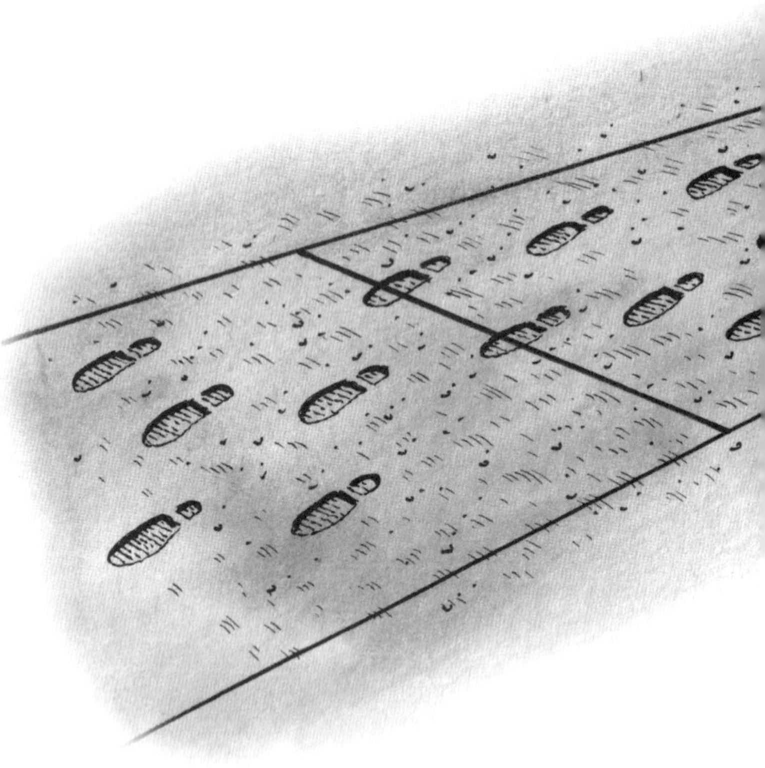

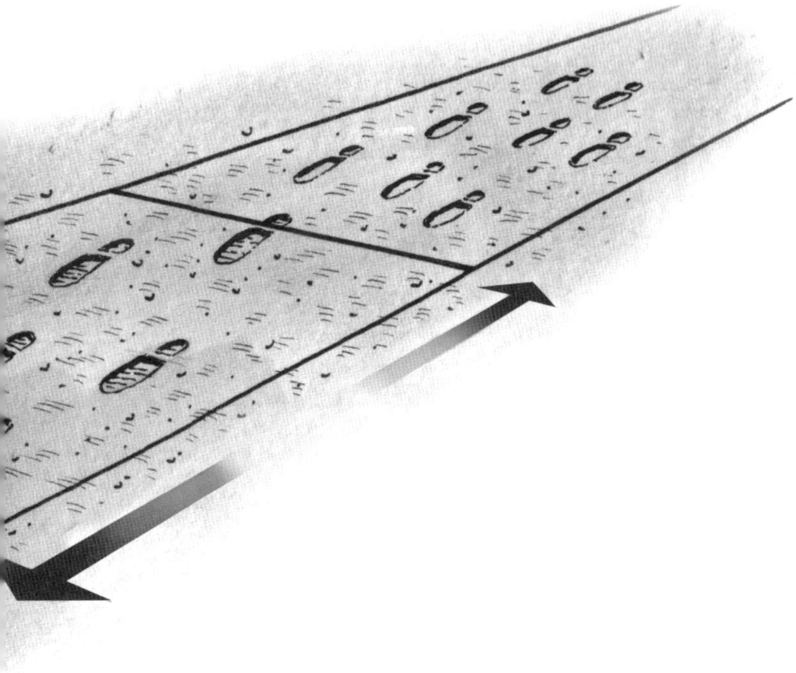

かって回転する。

標的が靴を履いているなら、靴底の模様の特徴（ある溝がすり減っている、または消失している)、履物の長さと幅、靴の横に刻まれている名前や番号など、豊富な手がかりから足跡を特定できる。

歩幅の長さも計測できる。これでその人物の身長も推定される。ただし歩幅は、標的が移動する速度によっても変わってくるだろう。

標的の性別は、履物のサイズから判断できるだろう。

歩行と走る動作

人が足をついて1歩踏みだすまでに、足は自然に回転している。足跡でこの回内運動の跡がもっともよく出ているのが、かかとの後ろの外側とつま先の内側である。また、足の親指のつけ根の跡も強くつきやすい。

足跡のつき方は、歩行の速度によって変わってくる。ゆっくり歩いているときは、バランスを保つために左右の足はそれぞれ外側を向く傾向がある。早足になったり駆けだしたりすると、

視点を変える

地面が固いときなどに、上から眺めても痕跡が見つからない場合は、かえって横からのほうが、少量の堆積物に気がつきやすい。

歩幅が大きくなり、つま先がまっすぐ前を向くようになる。これは前進方向の勢いが増して、バランスがとりやすくなっているためだ。全速力で走っているとき、地面に残る足跡は足の前部だけになるだろう。

標的が後ろ向きに歩いても、追跡のベテランはその程度のごまかしは見破ってしまう。後ろ向きで進むときは、かかとで地面を強く蹴るという特徴がある。地面にかかとの跡がくっきり残るのですぐにわかるのだ。

荷物を運んでいるときは、歩幅が小さめになり、足跡の沈み具合が深く、やや乱れた足跡になる。足跡の乱れはほかにも、疲れや衰弱を表していることがある。追跡時には、こうした情報がおおいに役に立つ。疲労が激しくなると、左右の足跡が交差したりする。おぼつかない足どりでフラフラしている証拠だ。

足跡から、その人物が負傷しているかどうかもわかることもある。傷を負っていないほうの足は不自然なほど深

痕跡を見失ったときの手順

民間の追跡者だけでなく、セルース・スカウトのような軍の部隊も、足跡などの痕跡を見失って、追跡の方向がわからなくなったときにそなえて、一定の手順を訓練し現場で実践している。

360度探索法

追跡者はまず数歩前進して、足跡の進行方向で別の足跡を発見できるかどうか確かめる。それで痕跡が見つからなければ、最後の痕跡があった場所まで戻り、そこを中心に輪を大きくしながら、360度の探索を続ける。これを次の痕跡が見つかるまで続ける。

方形《ボックス》探索法

これも最後の痕跡があった場所からスタートする。この場合は、200メートルほど前進し、右折して100メートル進み、さらに右折を重ねて長方形に歩いて、最後の手がかりまで戻ってくる。最後の手がかりに戻ったら、再度この歩き方で探索するが、今度は左にまわる。

交差状《クロス・グレイン》探索法

これも見失った痕跡を探すための手順だ。まずは足跡の進行方向に150メートルほど前進して、別の痕跡の有無を確かめる。痕跡がなかったら、最後に痕跡を見た場所まで戻る。それから右に100メートル移動し、次は左折して、足跡の進行方向と平行に50～75メートル進む。そしてふたたび左折して、最初に直進したコースを横切り、そのまま100メートル進んで、右折して50～75メートル進み、さらに右折して最初の直進コースを横切る、といった探索をくりかえす。

360 度探索法

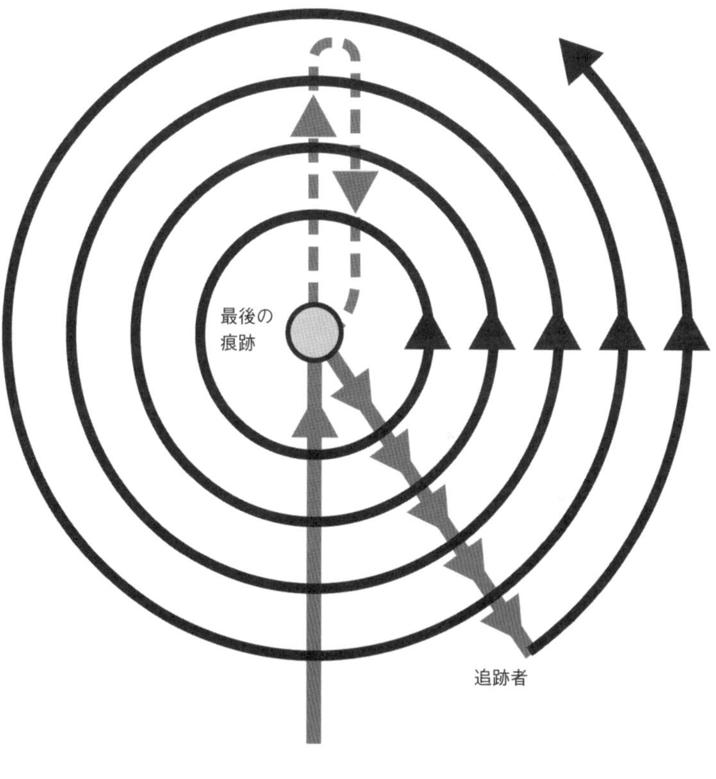

「痕跡を見失ったときの手順」の続き

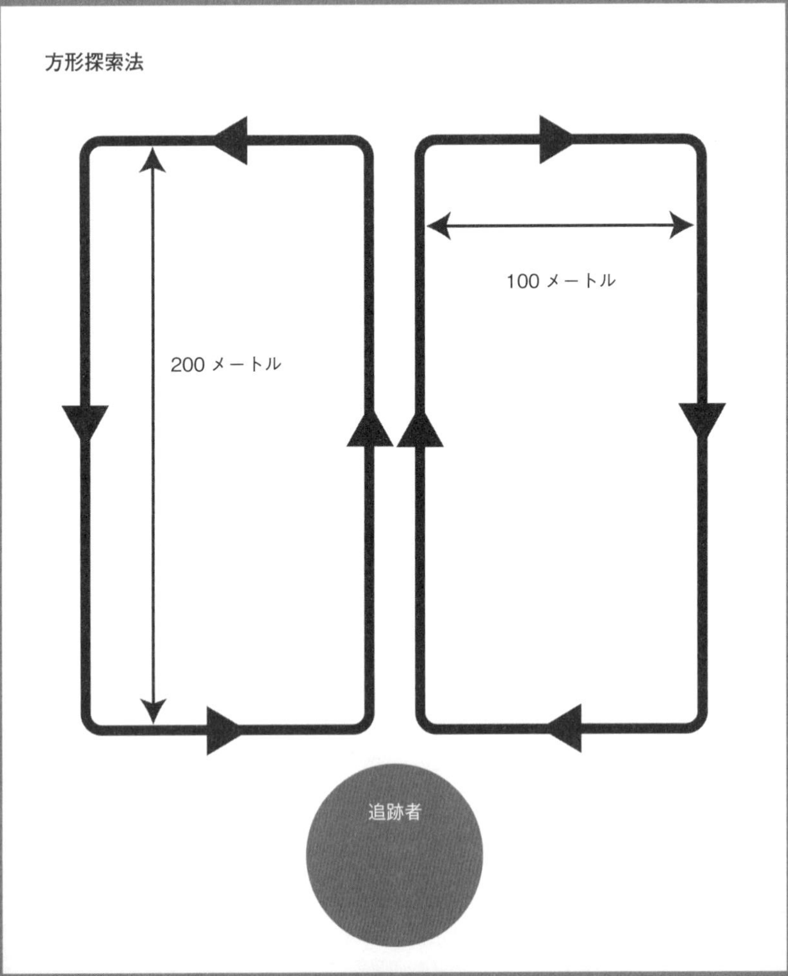

交差状探索法

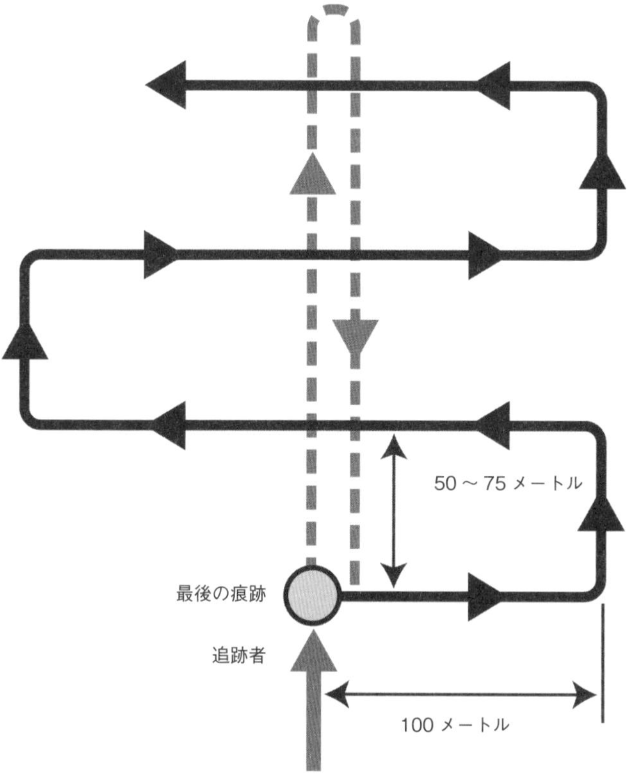
50 ～ 75 メートル
最後の痕跡
追跡者
100 メートル

い足跡になるのに対して、負傷した足は浅い足跡になるからだ。

追われる人間は、固い地面や岩場に出たら、痕跡をなくせると期待しているかもしれない。このような場所では、追跡のテクニックを駆使して足場になりそうな場所を推測する。またすぐそばまで寄って地面を精査する必要もあるだろう。頭を地面や岩に直接つけて、水平方向の表面を見渡すと手がかりがつかめることがある。上から見たときにはなかった痕跡が、わずかな起伏となって現れるのだ。

先に進むときは、最後の痕跡があった場所を見落としのないように走査する。いかなるかすかな地面の乱れも見逃さないように、またそこにある物を目がありのままにとらえるように、ひと呼吸おいて確認する。

追跡の手がかり

それぞれの足跡はかならず多様な手がかりを秘めている。そのため足跡の意味することについて推論するときは、足跡の識別とはまったく違うアプローチがとられる。

たとえば雨による影響を考慮して、足跡の古さを判定する方法がある。足跡に雨だれの跡があったり、一部が洗い流されていたりしたら、基本的に雨が降ったと判断できる。最後に雨が降ったのがいつなのかを推測できれば、それで足跡の古さを割りだせる。追跡のエキスパートはまた、折れまがった草の状態や色から足跡の古さを導きだす。一定の時間がたつと折れまがった草は変色するので、それを手がかりにするのだ。泥や湿地の足跡の古さは、足跡に染みこんだ水分量や足が踏みこまれたときに盛りあがった泥の状態、あるいは湿った場所から跳ねとばされてそのまま乾いた泥の乾燥状態から推定できる。

ほかにも足跡の上に落ちた堆積物の量やその上を動物が通った足跡によって、足跡の古さを知ることができる。動物は夜行性が多いので、それが足跡の古さを推測する手がかりになるのだ。

ケーススタディ3

ユーゴスラヴィア紛争の戦犯捜索

1980年にチトー大統領が死去すると、ユーゴスラヴィアの瓦解が始まった。セルビア共和国の共産主義者同盟幹部会議長のスロボダン・ミロシェヴィッチは、全セルビア勢力を結集して新たにセルビア共和国を建設することを望み、旧ユーゴスラヴィア人民軍（JNA）をその実現のために利用した。国連が旧ユーゴ社会主義連邦共和国への武器禁輸を決議すると、ミロシェヴィッチとJNAはますます勢力を増強した。1992年には、ボスニア・ヘルツェゴヴィナが独立を宣言。それと同時にボスニアのセルビア人は、領土の大半を制圧し「民族浄化」政策を強行した。

紛争が泥沼化するなか、この戦争にかかわるさまざまな勢力によって、第2次世界大戦以降のヨーロッパで最悪となる残虐行為がくり広げられた。1993年には国連安保理決議827号により、旧ユーゴ国際刑事裁判所（ICTY）が設立され、戦犯の追跡と訴追が開始された。この裁判所の活動は、1995年12月15日にデイトン合意で紛争が終息したあとも続けられた。

2006年には、戦犯として告訴された者は160人を超えた。そのなかで一番の大物はセルビア共和国の前大統領スロボダン・ミロシェヴィッチだった。だがミロシェヴィッチは最終判決がくだされる前に、独房で死亡しているのが発見された。

とはいえ、悪名高き指名手配者の多くが、発見をまぬがれていた。スルプスカ共和国（ボスニア・ヘルツェゴヴィナ・セルビア人共和国）の元大統領ラドヴァン・カラジッチとスルプスカ共和国の元参謀総長ラトコ・ムラディッチも捕縛の手をのがれて逃亡していた。そのほかにも、プリイェドルの警察署長シーモ・ドルリャチャ、市議会実行委員長のミラン・コヴァチェヴィチ、スルプスカ共和国軍サラエヴォ＝ルーマニア軍団の元司令官スタニスラヴ・ガリッチ将軍などが行方をくらましていた。

こうした被告らはみな、残忍な性向のおもむくままに、紛争中に大量殺戮《さつりく》など、人命をはなはだしく軽視する犯罪を指揮していた。しかもおとなしく投降する気配はなく、激しい抵抗が予想された。逃亡者の大半は、元の部下にかくまわれて地域の共同体にまぎれこんでいた。そうした地域は、たとえ国連軍やNATO軍におおっぴらな敵意を示していなくても、警戒心をすてていなかったのである。

NATOを中心に新たな安定化部隊が組織されると、こうした戦犯の追跡と逮捕が任務に割りあてられた。このミッションには安定化部隊全体がかかわったが、最後の逮捕任務は、高度な訓練を受けた特殊部隊にゆだねられるべきなのは明らかだった。SAS、オランダの第108コマンドー中隊、米特殊部隊などがその任にあたった。

「タンゴ」作戦

イギリス軍は、特殊作戦についての情報を正式には公表していない。が、さまざまな情報を総合して、イギリス空軍第47飛行隊の大型輸送ヘリ「チヌーク」によって、10人組のSASチームが、ボスニア・ヘルツェゴヴィナの人里離れた場所に投入されたことがわかっている。そこはプリイェドルの町からさほど遠くない場所で、イギリス軍が属する多国籍軍（南―西部区域）司令部があるバニャルカからは110キロ強の距離にあった。この作戦では、ふたりの指名手配者シーモ・ドルリャチャとミラン・コヴァチェヴィチの居場所をつきとめて、逮捕に最適な瞬間が訪れるまであとをつける手はずになっていた。

ところが意外なことに、ミラン・コヴァチェヴィチの働いていた病院で接触を試みると、この元市議会実行委員長は拍子抜けするほどおとなしく、待機車輛に連行された。ドルリャチャは息子と義理の兄弟とともに釣りをしていた。それを特殊部隊が近くの森から発見して、慎重に監視を続けた。3人があわただしく朝食の準備をしはじめると、強襲チームは、普通車3台とワゴン車1台で接近した。兵士4人が息子と義理の兄弟をとり押さえ、残りの6人がドルリャチャ本人を拘束した。するとドルリャチャが、押しかぶさってきた兵士をはねのけて逃走した。そしてひとりの兵士めがけて発砲し、脚に命中させた。ここではじめて特

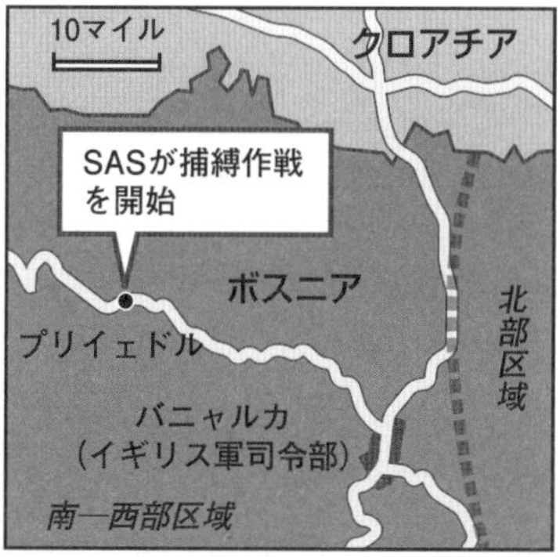

プリイェドルに近い人里離れた場所で、戦犯の逮捕が試みられた。

殊部隊の銃が火を噴き、この元警察署長はその場で絶命した。

ヴラトコ・クプレシッチ

戦犯の捜索がほとんど成功したため、この作戦で逮捕する容疑者が追加されることになった。そうしたひとりのヴラトコ・クプレシッチは、1993年4月のアフミチ村の大虐殺に関与したとされていた。

クプレシッチは武装して、護衛をつけている可能性があった。それを隠密裏に監視していたのは、オランダ軍の第108コマンドー中隊チームである。この特殊部隊はパラシュート降下で、ヴィテーズ近郊に潜入を果たしていた。オランダの特殊部隊チームは、SASチームと連携しており、SASはこのとき容疑者逮捕のために待機していた。

12月18日木曜日、日が暮れるとSASチームはクプレシッチがひそむ屋敷に侵入した。強襲チームはまず護衛に襲いかかり、猿ぐつわをするとスタン・グレネード（閃光爆弾）を屋敷に投げ入れて中に入り、出入り口に警戒員を立てた。そして先にクプレシッチの妻子を保護してから、クプレシッチに向かおうとした。するとクプレシッチは、短機関銃をひっつかんで弾丸をバラまきはじめた。SASチームは慎重に反撃してクプレシッチの腕と脚を撃ちぬいて、身動きできなくした。

スタニスラヴ・ガリッチ

逮捕者リストの次にあげられていたのは、スタニスラヴ・ガリッチ将軍だった。サラエヴォへの間断のない空爆と市民への恐怖狙撃を指示した人物である。サラエヴォの大通りは、「スナイパー通り」とまで呼ばれていた。無差別の狙撃のため、この通りは命をすてる覚悟がなければ横切れなかったからだ。給水スタンドや食べ物の配給で順番待ちする人々にも、凶弾は襲いかかった。1992～1994年に、狙撃によって1399人を超える市民が命を失い、5093人が負傷した。この狙撃と砲撃を直接指示したのが、ガリッチ将軍だった。

軍を退役したガリッチは、居住していたバニャルカで大きな影響力をふるっており、この男を支持する者も多かった。ガリッチのシンパと護衛は武装している可能性が高く、ガリッチも抵抗せずに観念するような男ではなかった。逮捕にてまどるうちに、地元住民も敵意をむき出しにしてガリッチに加勢するおそれもある。そうなればやっかいな事態になるだろう。情報機関により徹底した調査が行なわれたあと、大胆不敵な計画が立案された。危険は承知のうえで、ガリッチは

イギリス特殊部隊は、旧ユーゴ国際刑事裁判所から指令を受けて、スタニスラヴ・ガリッチ将軍を逮捕した。

もっとも油断をしている時間と場所で逮捕される。真っ昼間の往来の激しい通りで、自分で車のハンドルをにぎっているときが、決行のタイミングだった。

1999年12月20日、ガリッチが自宅を出ると、一般車をよそおった自家用車とワゴン車が、その直後にひそかに発車し、街中に向かう車を尾行した。この尾行車には、SASの逮捕班が乗っていた。ワゴン車はガリッチの車との間あいをつめると、猛然と先行車を追い越して前をふさぎ、急停車させた。ガリッチが銃に手を伸ばす前に、ひとりのSAS兵士が運転席の窓を割り、ガリッチを道路に引きずり下ろした。すかさず頭に袋がかぶせられ、手に手錠がはめられた。

タイムライン

1993年　国連決議827号にもとづき、旧ユーゴ国際刑事裁判所（ICTY）が設立される。

1997年7月10日　NATO安定化部隊の傘下にあるSASチームが、「タンゴ」作戦を開始する。標的はミラン・コヴァチェヴィチとシーモ・ドルリャチャのふたり。

1997年12月18日　SASによって身柄を拘束されたヴラトコ・クプレシッチがその日のうちに旧ユーゴ国際刑事裁判所に移送される。

1999年12月20日　スタニスラヴ・ガリッチ将軍が、SASによってバニャルカで逮捕される。

2008年7月21日　スルプスカ共和国の元大統領ラドヴァン・カラジッチが逮捕される。

2011年5月26日　スルプスカ共和国の元司令官ラトコ・ムラディッチ将軍が逮捕される。

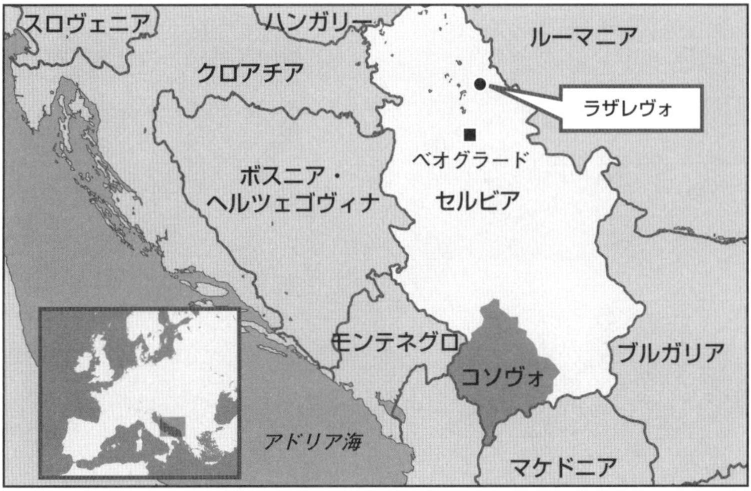

カラジッチとムラディッチ

イギリス軍部隊は指名手配者の追跡に積極的にとり組んだ。15人の逮捕者のうち12人がイギリス軍部隊による逮捕という数字にも、それがよく表れている。だが最大級の獲物ふたりが野放しになっていた。スルプスカ共和国の元大統領ラドヴァン・カラジッチと、同じくスルプスカの元参謀総長ラトコ・ムラディッチ将軍である。

2008年7月21日、カラジッチがついに逮捕された。おそらくはこの男を知る者が、多額の報奨金をめあてにタレこんだのだろう。ムラディッチは、2011年5月26日、ヴォイヴォディナ州でセルビアの警官によって捕まった。拳銃2丁を所持していたが、抜くひまはなかった。

ムラディッチは、ようやく2011年5月26日にセルビアで逮捕された。

ボスニア・ヘルツェゴヴィナでの追跡と逮捕では、地上の情報と実行部隊の技能はもちろん、ハイテク資産も活用された。多角的な軍事的捜索が、成果をあげたといえる。そうして標的の居場所が特定されたあとの逮捕も、慎重な計画が必要だった。住民が敵に転じるおそれのある場所での捕り物となり、標的自身もたいてい所持していた武器で反撃してきたからだ。兵士や警官の前歴をもつ者も多かった。近代史でも最大規模の人狩りが行なわれたのだ。

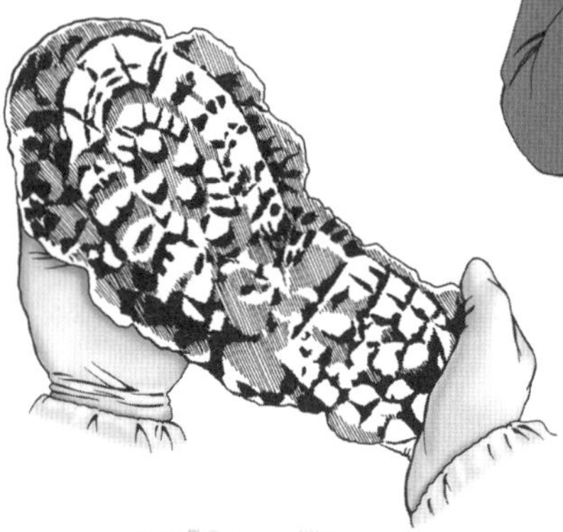

第3章

市街地の追跡は高水準の技能を要し、市街地特有の多くの困難をともなう。

市街地の追跡と監視

市街地での追跡では、追う側にも追われる側にも、自然環境での追跡では出会わないような困難がふりかかる。市街地はおおむね固い地面でおおわれているので、泥の中にくっきり残った足跡や、乱されたり折れまがったりした植物、動物の動きといった手がかりは期待できない。市街地の固いアスファルトには、はっきりとした足跡はつきにくいし、足跡があったとしても何百というほかの足跡ですぐに区別がつかなくなる。人気のない田野では、標的以外の人間には何キロも出会わないかもしれないが、都会で求める人物は人ごみの中で見え隠れしているだろう。

市街地での追跡では、姿を隠しながらの尾行や気づかれにくいハイテク機器の使用など、さまざまな技巧が用いられる。

市街地の追跡

市街地が郊外に向かって無秩序に広がるスプロール現象は、いまや世界的にみられるので、市街地での追跡の技能はこれまで以上に重要さを増している。とはいってもそれは、最近始まったことではない。ヴィクトリア女王時代のロンドンは、およそ700万の人口を擁していた。アーサー・コナン・ドイルは、シャーロック・ホームズという私立探偵を創りあげて、このロンドンを舞台に活躍させた。ホームズは、始終人でごったがえして迷路のようになっている市街地を、自由自在に走りぬけて犯罪者を追いつめた。ホームズは追跡の達人で、足跡の追跡についての論文まで執筆し、焼き石膏《せっこう》で足型を固めて保存する方法まで論じていた。ホームズはまた、観察眼と推理力にもすぐれていた。市街地での追跡では物理的手がかりがとぼしく分散しているため、これはなくてはならない能力だ。『四つの署名』の中で、ホームズの忠実なる相棒ワトソン医師は、ホームズを「君はこまかいところに、いやによく気がつく男だねえ」［コナン・ドイル『四つの署名』（延原謙訳、新潮社）より訳文引用］と賞賛して、市街地を追跡する者が忘れてはならない重要ポイントを浮き彫りにしている。それは、どんなに小さな手がかりも見逃したり、軽んじたりしない、ということだ。

この小説で、ホームズとワトソンは、馬車に乗って追跡を開始する。このときの馬車は、屋根つき1頭立てのふたり乗りだった。

（もともとロンドンは慣れない私のことだし、）たちまち方角もわからなくなってしまい、ひどく遠いところへつれてゆかれるということだけしかわからなくなった。しかしシャーロック・ホームズは、広い四つ角へ出たり、曲りくねった横丁を抜けるたびに、まちがえずにその名を教えてくれた。［前掲書より］

同じ場面が『シャーロック・ホームズの帰還』でも再現される。

ホームズがロンドン市内のぬけ道に明るいことは、真に驚くべきものがあった。この晩も彼はなんのためらうところもなく、私なぞは存在すら知らなかったような厩舎《きゅうしゃ》のあいだを抜いて足早に歩き、古い陰気《いんき》な家のたちならぶ小さい通りへ出た…。［コナン・ドイル『シャーロック・ホームズの帰還』（延原謙訳、新潮社）］

このエピソードから、市街地の追跡と監視で大切なもうひとつのポイントが見えてくる。それは追跡の計画と実行をスムーズに運ぶために、捜索地域を熟知する、という原則だ。

追いつめられたビン・ラディン

なぜこの屋敷には、インターネットや電話の引きこみ線がないのだろう？

市街地の足跡

都市での追跡には、市街地ならではのむずかしさがあるが、場合によっては従来の方法で足跡を検出できることもある。たとえば道路工事で土が露出しているときは、舗装道路に足跡が残されていたりする。

追跡犬

市街地での追跡では、犬は貴重な戦力になる。標的が通過した証拠がまったくないときも、犬なら臭跡をたどれるからだ。

市街地の追跡回避

どのような形の追跡でもいえることだが、このテクニックは追う側にとっても追われる側にとっても役に立つ。都会の景色にまぎれて気づかれないようにしたいなら、周囲に溶けこむ方法を知る必要がある。周囲の人々と同じスピードで動いて、目的をもって行動しているように見せかける。たとえば追跡者が職場に急ぐ人で混雑している通りを観察しているとしたら、所在なげにうろついている人間は群集の中で目立つだろう。

「常連」がいるようなバーやパブは避ける。なじみの客がいそうな小さな店も立ち寄らない。身なりは清潔で見

犬の追跡をふりきる

走って発汗したり、恐怖で冷や汗をかいたりすると、汗の臭いは強くなるので、犬は追跡しやすくなる。つまり逃亡の足を引っぱる要因となるのだ。さらに、アフターシェーブ・ローションやボディ・スプレー、ヘアオイルなどの人工香料は、犬にとって追跡や嗅ぎわけがしやすいということを、よく覚えておきたい。地元住民が使っていないタイプならなおさらだ。

苦しくなく。きちんとした服装の人ばかりの通りで、無精髭に髪ぼうぼうの姿でいたら、浮いて見えるだろう。

野外の追跡で役に立つテクニックや痕跡は、都会ではあまりあてにはならないが、全部が全部使えないというわけではない。道路が掘り返された場所があれば、標的は靴に特定の種類の泥や土をつけているかもしれない。市街地には公園が多いので、標的がそこに足跡を残している可能性もある。

犬を使った市街地の追跡

市街地の追跡には特有のむずかしさがあるため、逃亡者を追いつめるためによく犬が投入される。犬と追跡者がチームを組むと、逃亡者にとって手強い敵になる。嗅覚などの犬の長所である鋭い感覚に、ハンドラーの人間の推理力がくわわるのだ。

土の地面や植物が標的によって乱されているなら、大量の臭いが残存する。逆に市街地では固い地面にほとんど臭跡が残っていないので、犬が臭いを追うのはむずかしい。それでも犬は、人間の細胞から発散された特徴ある体臭をたどりつづける。そうした臭いを探知させるためには、犬を早朝または午後の遅い時間以降につれだすのが理想的だ。夜間の追跡も、あまり大気が対流しないために臭いをひろいやすい。風に変化があったりすると犬が追う臭跡に影響が生じる。雨も条件を悪化させる。臭跡はまたいつまでももつわけではない。3日がタイムリミットだ。犬のほうも、集中力の持続時間に限度がある。30分ほどしたら休ませなければならない。犬の能力を最大限に発揮させたいなら、ハンドラーは犬の限界に配慮する必要がある。

犯行現場の捜査

市街地の追跡活動は、犯行現場の捜査から始まることが多い。犯行現場の捜査では、何をどうするのかが慎重にとりきめられている。犯人の足跡などの証拠を、できるかぎり完全な形で残すためだ。その中でなによりも優先順位が高いのは、被害者の安全と救出だ。これは証拠の保存を含めて、あらゆる配慮に優先される。とはいえ捜査が始まったら、現場には非常線が張られて、出入り口は1カ所に限定されるだろう。現場の捜査員は、自分の髪の毛や衣服で現場を汚さないように、ツナギと手袋を着用する。指紋や手の跡は肉眼で確認できるかもしれないが、鮮明でない場合は細かい粉末をふって、粘着テープを貼れば転写が可能だ。

また、固い地面や床の足跡は写真に写して記録することができる。柔らかい表面なら、石膏で固めて鑑識にまわせる。タイヤ痕にも同じ手法が適用される。その後こうした情報は、コンピ

犯行現場

犯行現場を適切な管理下に置くことは、その後の犯人捜索を成功させるための絶対条件だ。証拠は完全に保存し、現場への立ち入りを厳重に監視する。

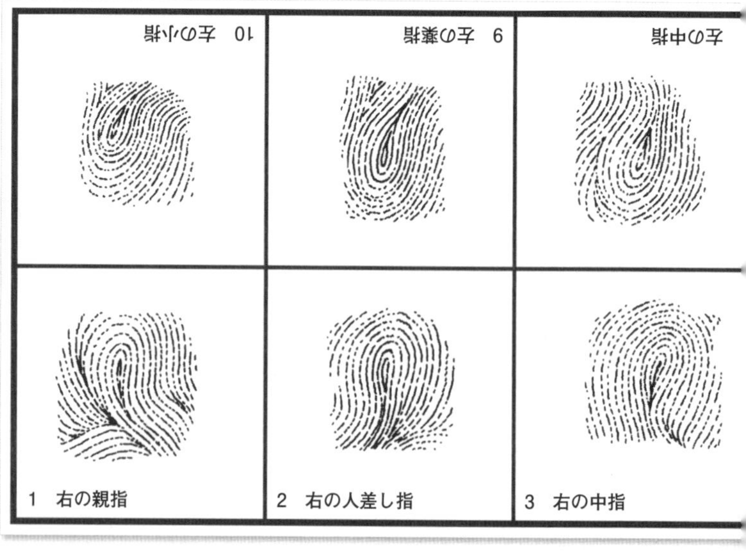
10 左の小指
9 左の薬指
左の中指
1 右の親指
2 右の人差し指
3 右の中指

指紋の採取

指紋は一人ひとり違うため、採取した指紋は容疑者を割りだすうえで、きわめて有力な証拠となる。このような証拠を最大限に活用するためには、この場合も、犯行現場の保存が第一だ。

粉末による指紋検出

指紋

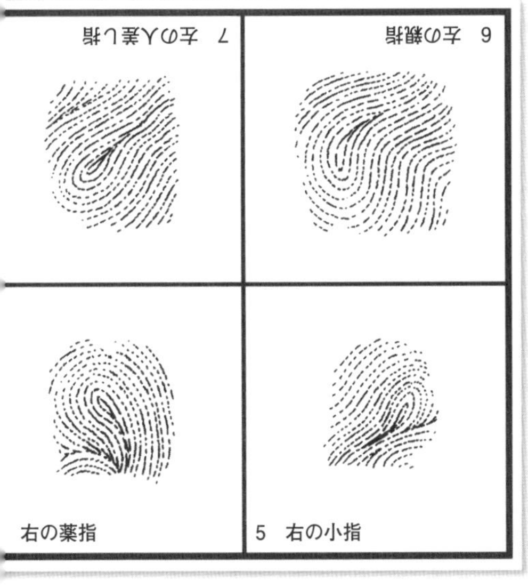

指紋カード

ュータのデータベースにかけて、靴やタイヤ、タイヤを履いている車の種類を照合する。たとえばそのタイヤはふつう高性能なセダン、あるいは特別仕様モデルのスポーツカーに装着するタイプかもしれない。または100％の確率でSUV（スポーツ・ユーティリティ・ビークル）のタイヤ痕なのかもしれない。

野外では足跡が追跡の基本的な手がかりになるが、市街地や事件現場では、指紋などの証拠の採取に目がいって、足跡は二の次になる傾向がある。だが足跡からは、履物や足のサイズ、体重、制服の規定など、標的にかんする多くの情報をくみだせる。そのうえ犯罪者は多くの場合変装をして、指紋がつかないよう手袋をはめている。ところが、足跡に無頓着であるという過ちはよくおかすのだ。

鑑識が現場に到着すると、細心の注意をはらいながら、指紋など物的証拠になる痕跡を探して保全しようとする。だがややもすると現場に出入りするうちに、足跡という重要な証拠をうっかり踏みにじってしまう。そうなると、事件や事故にかかわった人数もあやふやになるだろう。同様に、警察や軍などの車両が、タイヤ痕の判別を困難にする可能性もある。犯罪捜査員が現場周辺に出入りするときは、自分の足跡がつく場所をじゅうぶん意識して、入るときと出るときは自分の足跡をたどることを心がける。事件の発生現場でも、履物の跡を写真に撮り、3Dの足跡を石膏で保存する。そうした証拠の位置関係は正確に記録する。それで追跡に必要な移動の方向や最初の手がかりといった、貴重な情報が得られるのだ。

固い地面や床についた靴跡は、たしかに発見しにくく肉眼ではほとんど識別できない。だが室内なら部屋を暗くして斜光線をあてると、見えやすくなる。それで確認できたら、指紋採取用の粉末をふって靴跡を検出し、それを粘着シートなどに転写することができる。靴跡を採取するもうひとつの方法に、静電気法がある。静電気発生装置で微細な埃を帯電させて、シートに足跡を付着させるやり方だ。

市街地の監視

市街地での追跡や張りこみは、環境的な理由から非常に複雑な作戦となる。物陰にひそみながら容疑者をつける者のほかにも、さまざまな人員が投入される。まずはできるかぎり人の注意を引かないようにするために、公安当局は常套手段として、地域社会に溶けこめる少数民族の人々や、無害に見えて目立ちにくい女性を配置する。捜査員も姿を隠したまま、あるいは背景にま

足型の採取

足跡が判別できたら足型をとって鑑識にまわし、次の段階の科学捜査に役立てる。

足型の大きさの測定

現場から鑑識に足型がまわってきたら、靴やブーツのサイズ以外にも、形状などその足跡の特徴を確認できる。

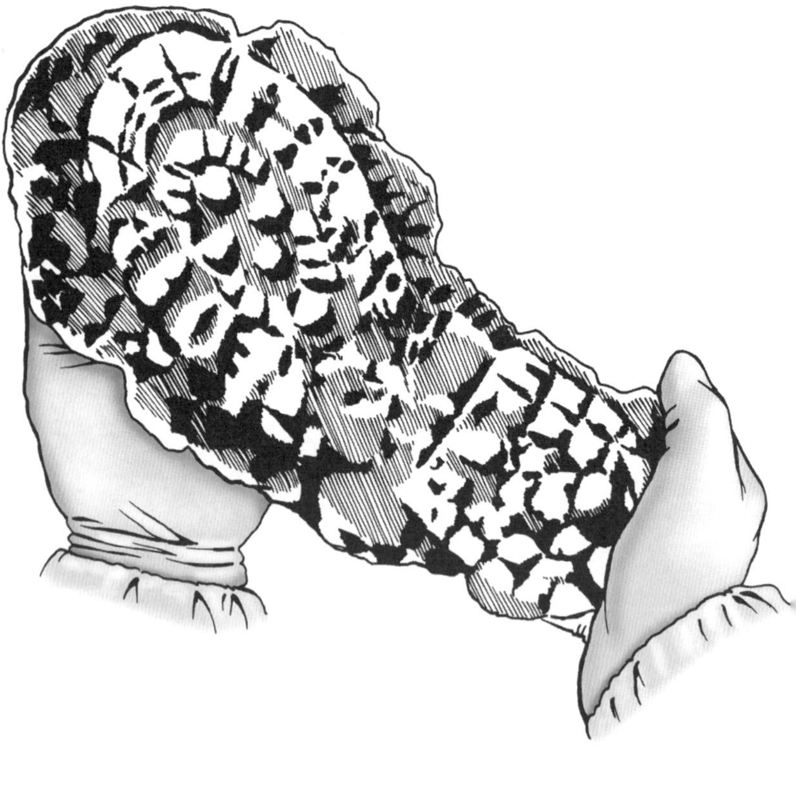

ぎれた状態で、高い集中力を維持しながら容疑者やテロリストを追跡する。

自分がよそ者である地域で、違和感をもたれないようにするむずかしさは、張りこみをする捜査員にとっても標的にとっても同じだ。車の中で、標的が現れるのを待っていつまでも張りこんでいたら、地元の人間に泥棒ではないかと怪しまれてしまう。警察を呼ばれるかもしれない。不審者に思われにくくする方法がひとつある。女性を車の助手席に座らせるのだ。そうすればつ

れを待っているように見える。また繁華街で女性が買い物袋を提げていたら、疑いの目を向ける者は少ないだろう。

尾行の人員を配置するときにもうひとつ懸念されるのは、標的が条件の異なる場所に移る可能性があるということだ。そうすると周囲の人間の服装や全体的な雰囲気がガラっと変わったりする。たとえば、容疑者が海岸地帯に出たとする。スーツやレインコートを着ている追跡者は、場違いに見えるだろう。こうした場合追跡者は、自分よ

人目につかない張りこみ

張りこみは思った以上にむずかしい。誰かが車の中で長時間座っていただけでも、怪しまれてしまう。女性のほうが不審に思われにくい。とくに助手席に座っていると自然に見える。

隠れ家

2011 年にオサマ・ビン・ラディンの屋敷が急襲された。CIA の SAD（特殊活動部隊）はそれに先立って、アボッターバードの隠れ家で監視の任にあたっていた。隠れ家では、じっくり腰を落ちつけた張りこみが可能で、アジトと狙いをつけた場所の出入り情報をもとに、全体像を組みたてることができる。CIA 工作員は、屋敷の中と周辺で起こっている出来事を詳細に記録し、屋敷を出入りした人物とその日時、疑わしい行動などをチェックしたはずだ。視覚や音声のハイテク監視装置も使われていただろう。CIA の隠れ家はまったく目立たなかったので、

パキスタンの情報組織はおろか、目標の屋敷の住人も気づいていなかった。
1982 年にロンドンでイラン大使館占拠事件が起こったときは、ロンドン警視庁の情報班が、さまざまな監視装置を建物にとりつけた。なかでも壁の隙間や煙突にしかけた集音マイクは、テロリストの動きや人質の危険の度合いを推測するために役立った。監視の任務はおもに、大使館の隣に設けられた潜伏場所で行なわれた。SAS 隊員はここから飛びだして大使館の正面玄関に爆薬を設置し、強行突入したのである。

りはましな服装の仲間に協力をあおぐか、用意した服装があれば着替えるようにする。

張りこみのテクニック

オサマ・ビン・ラディンの密使の居場所をつかめたことが、ビン・ラディンの追跡と捜索を成功させる決め手となった。張りこみチームはその位置情報をもとに、アボッターバードの屋敷に急行した。オサマ・ビン・ラディンの潜伏場所としてこの屋敷に目星をつけると、CIAのSAD（特殊活動部隊）工作員が隠れ家を設営して、屋敷とその周辺の動きを監視した。張りこみチームから寄せられた情報は、シールチーム6によるヘリ強襲を微調整するために役立てられた。

熟練した監視テクニックが、捜索任務に重要であることは、強調してもしすぎることはない。現代社会では、監視を助ける無数のハイテク機器を利用できる。だが地上にいて徒歩あるいは車、またはそのほかの交通手段で、容疑者を追跡できる高度なテクニックもまた求められる。集中捜索で成果を出すためには、生身の人間が巧みに行なう監視とハイテク機器の監視を、バランスよく組みあわせなければならない。だがそれでも作戦を成功に導くために、張りこみをする人間が高水準の訓練を受ける必要性はなくならない。さらにもうひとつ考慮すべきなのは、追われる側の個人あるいは組織に、どの程度の追跡回避能力があるか、ということだ。標的が三流の犯罪者なら、アルカイダのような術策にたけた組織のメンバーを相手にするときほど、人的監視で神経を使わなくてもよい。アルカイダは、追手を巻く訓練をしているだろうし、追跡者を警戒するための支援チームを配備しているだろう。本格的な訓練を受けた標的は、尾行を察知するためのさまざまな試みで、追跡者を確かめようとするかもしれない。監視チームが、それに反応せざるをえなくなれば、張りこみをしていたことがばれてしまう。さらに、百戦錬磨のテロリストのような練度の高い標的は、張りこみに気づいているのを気取られないよう、注意をはらうはずである。そうして、素知らぬ顔で追跡者をにせの痕跡や罠に誘いこむか、仲間におとなしく引っこんでいるよう警告するだろう。

軍事的捜索で人的監視が開始される時期は、多くの要素に左右されるが、たいていは「詰め」の段階にさしかかってからだ。特定の標的についての情報がじゅうぶんに集まったら、それを確証するために比較的近距離で人の目による監視が行なわれる。ビン・ラディンの場合は、この情報の構築に10年間のほぼ大半がついやされた。情報源になるのは、重要容疑者への尋問や

シェイク・アブー・アフマド——オサマ・ビン・ラディン発見のための重要人物

ビン・ラディンは、アブー・アフマドを密使として信頼し、この男を通してアルカイダの幹部に指示や連絡を送っていた。アルカイダは、これ以外に連絡のやりとりをする方法がないのを承知していた。電子メールも電話も通信経路として使用しているうちに、アメリカの諜報用ハイテク機器に傍受されて、発信源をつきつめられるのは目に見えていたからだ。したがって密使以外に、ビン・ラディンと外の世界をつなぐものはなかった。そしてこのことが結果的に、命取りとなったのである。

密使の変名はわかっていたが、素性を割りだすのにしばらく時間がかかった。また、この男が活動していた地理的な範囲を把握するのに、さらに時間を要した。アブー・アフマドの居場所がつきとめられると、地上のCIA特殊活動部隊の特殊作戦グループが、追跡作戦を開始してぴったり張りついた。衛星がアブー・アフマドの活動域に監視を集中させ、UAV（無人航空機）をはじめとするテクノロジーの結晶が送られた。つけているのを絶対に気づかれてはならなかった。とはいえ、多くの監視の手段がこの男に集中し、その後アボッターバードの屋敷への監視も始まったため、CIAは資金不足を補うために、アメリカ議会に追加予算を求めることになった。

そしてついにアブー・アフマドはアボッターバードに向かい、本章に登場したような手法と先進的テクニックを駆使して、尾行活動が開始された。標的が所在場所から出てきそうな出入り口はすべて監視し、追跡されているとできるだけ気づかれないような進歩的な尾行作戦も当然行なわれたろう［アメリカ政府は、捜査の詳細については公式に明らかにしていない。ワシントン・ポスト紙が隠れ家と捜索活動について報じている］。

電子的な監視などである。

追っている人物が標的にまちがいないと確認できたとき、追跡チームにとって重要なのは、正体を嗅ぎつけられないことだ。ビン・ラディンの信頼する密使のアブー・アフマド・アルクウェイティも、少しでも追跡の気配を感じたら、まちがいなく警報を鳴らすか、追跡チームを混乱におとしいれただろう。その局面でのヘマが意味することは、途方もなく大きい。捜査全体が、ふりだしに戻ることもありえるのだ。

尾行

ある場所から別の場所に移動する標的を監視することを、尾行という。標的の行動の監視、移動の方向づけ、あるいは別の標的との関連性をつかむことを目的とする。

尾行でなによりも警戒しなければならない落とし穴は、標的がつけられているとはっきりわかる手がかりを与えてしまうことだ。いつも標的の後ろにいる人物や、ふりかえるとかならずいる特定の車は怪しまれて当然だ。そのような事態を避けるために、多くの場合尾行は、チームによるリレー形式をとる。また移動するばかりでなく、特定の場所での張りこみも行なわれる。その際は、標的が通過するとわかっている個所で、姿を見られない場所から観察する。

尾行

尾行は、車両または徒歩、あるいはその両方の形態で行なわれる。
標的に絶対に怪しまれないことが重要だ。

ひとりの尾行者または尾行チームから、次の相手に尾行を円滑に引きつぐためには、十分な訓練と協力が必要だ。監視作戦は次のような段階をふんで進行する。

- **張りこみ**——張りこみチームはまず標的が、監視の範囲に入ってくるのを待つ。そのため、出入りする可能性のある場所にすべて監視をつけて、標的が知らないあいだに監視の目をすり抜けないようにする。
- **捕捉**——標的がまちがいなく求める人物だと張りこみチームが確認したら、尾行チームにゴーサインを出す。
- **尾行**——ひとりまたは複数の尾行者が、標的のあとをつける。監視任務の全段階でいえることだが、このときも重要なのは、標的に絶対に気づかれないことだ。少しでもつけられているのを疑わせるようなミスをしてはならない。
- **包囲**——標的が移動をやめるか、目的地に到着したときの段階。ビン・ラディンの場合は、密使がアボッターバードの屋敷に到着した時点がこれにあたる。ここで追跡が中止され、衛星などの数種類の監視用ハイテク機器が、この地域への監視を集中させる。この時点で標的のいる家屋を監視するために、隠れ家も設営される。

作戦の成否は多少なりとも、一人ひとりの捜査員の判断に左右される。たとえば標的がふり向いて、捜査員と真正面から向きあう形になったとしよう。なにげなくやりすごすことから、武力をもって対決するシナリオまで、その対応策は幅広い。ただしたいていの場合、監視の成功は、少しも気づかれないまま標的を細大もらさず観察して、重要情報を収集できるか否かにかかっている。

監視任務にあたる捜査員は、長期間何も起こらなくても待ちつづけられる忍耐力が必要だ。またそのあいだも高いレベルの注意力を維持しなければならない。そういった意味では、優秀な追跡者や狙撃手と同様の資質が必要といえる。さらに人目につかないように、周囲に溶けこめなくてはならない。つまりそれは、その地域で違和感をもたれないふつうの服装をするということだ。あるいは特定地域の住民と同じ民族の出身者を、捜査に配置してもいい。たとえば社会経済的にまとまっている中東の人々が大勢いるところに、背の高い金髪の西欧人がいたら異分子になるが、同じ民族の出身者なら同一化できる。

任務はかなりの危険をともなうが、捜査員はそれでも動じた気振りを見せずに、周囲の人々の標準的な行動に同

尾行時の捜査員

張りこみをするときは自然でくつろいでいるようすをよそおう一方で、いつでも即座に動ける状態でなければならない。飲食をする場合、支払いを先にすませておけば、騒ぎを起こさずにさっと出ていける。

調する必要がある。たとえばにぎやかな通りで、人々がのろのろとした動作で、暇つぶしやくつろいだ雰囲気での買い物をしていたら、傍目から見てピリピリして、わき目もふらずに足早に動きまわっている者は目立ってしまう。捜査員は、さまざまな装備を携帯しているだろう。だがたとえば通信機器にイヤフォンがついていて、無意識にしょっちゅう耳に手をあてていたら、そうした装置を使っていると宣伝しているようなものだ。

捜査員は気づかれずに尾行を続けるために、早い段階から変装する必要もあるだろう。ただし、別人に見える変装を徹底させなければならない。訓練を受けていれば、尾行者が変装していても変わっていない特徴を見分けることができるからだ。同じ靴を履きつづけていて、疑念を誘うこともある。

監視チームは、なじみのない地域で任務を果たすことが多い。だからこそ緊密な連絡を保って、連携をスムーズに展開しなければならない。標的に監視の目を注ぐと同時に、自分の正確な現在位置を把握して、標的の厳密な位置情報を伝達する。そうすれば、いざという時もチームのほかのメンバーが、標的を捕捉できるからだ。では、尾行チームが交通渋滞などにまきこまれた場合は、どうすればよいのだろうか？こうした偶発的な出来事について捜査

周囲に溶けこむ

捕縛をのがれる犯人と同様に、監視をする捜査員も、目立たないように周囲に溶けこまなければならない。そのためにも、その環境にふさわしい服装や態度を心がける。

監視に必要な道具

- 双眼鏡か望遠鏡、あるいは両方
- 地図
- GPS（全地球測位システム）
- 方位磁石
- カメラ（隠しカメラ）
- 懐中電灯
- 通信機器
- 赤外線追尾装置
- 暗視装置
- 変装用品（つけ髭や着替えなど）

FBIの尾行用改造車

尾行用車両は、耐久性の強化や捜査員が標的をあざむくための細工など、多くの改造をくわえた特別仕様になっている。

高耐久性ステアリングホイール
高耐久性バッテリー
高耐久性ラジエーター
強化バンパー
オン・オフ可能なヘッドライト

隠しカメラ

腕時計にしこまれたカメラなどのハイテク機器を使うと、監視時に重要情報を取得できる。

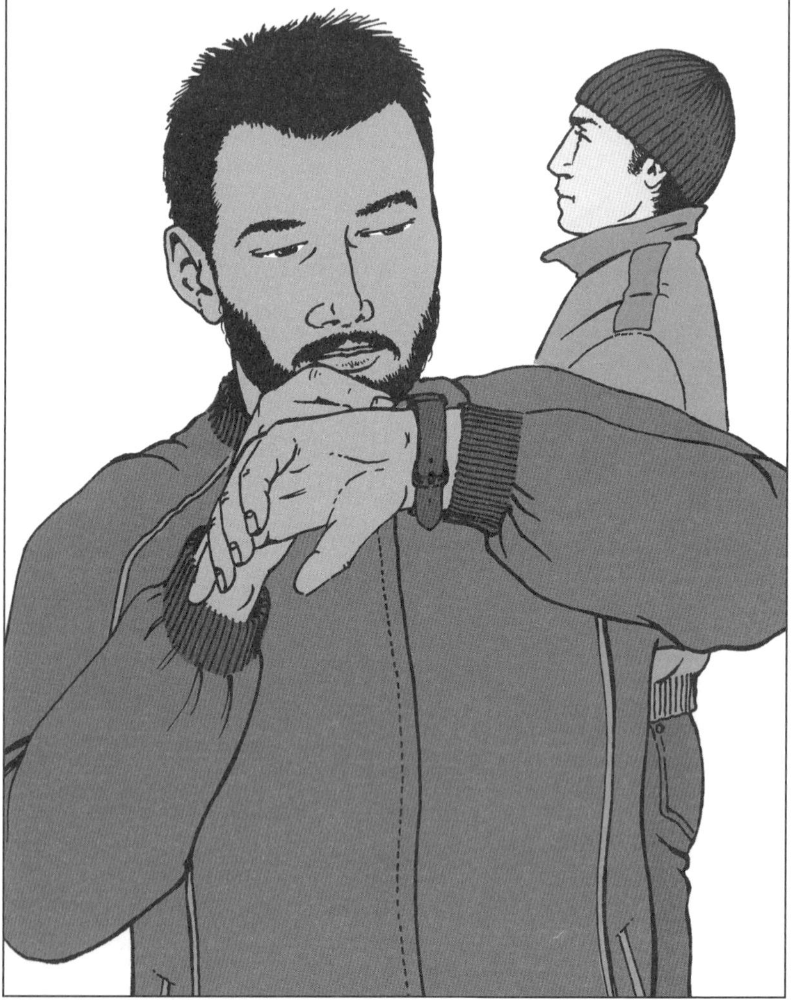

員は、追跡の計画を立てる段階で想定しておかなければならない。地元の交通機関についても知っておきたい。標的が行き先を知っている電車やバスに、飛び乗るかもしれないからだ。乗車券を買う時間をはぶくなどの理由のために、乗り放題の乗車券を買っておく必要もあるかもしれない。

尾行車

尾行車は、任務のあらゆる必要性に完璧に対応できる仕様になっていても、外観はまったく目立たない車でなければならない。ある地域で安っぽい普通車が主流ならば、高価なSUVは人目を引いて注目を浴びるだろう。尾行車は、その地域を走っているほかの車両に細部のすみずみまで合わせる。ナンバープレートも現地のものにつけ換える。

ジェームズ・ボンドの映画で隠しカメラがスパイの必需品だった時代は去り、今ではほとんど誰もが携帯電話をもっていて、高画質の動画を撮影できる。だから携帯していてもほとんど怪しまれない。だが、時計型などさまざまな装備品についている隠しカメラもある。

捜査員は情報交換をして、容疑者が使用する交通手段や車のナンバープレートなどについて、きっちり確認する必要がある。また、標的が移動の途中

尾行車の隠密性

尾行車には、テールライトやブレーキライトといった、ライト類を消せるスイッチをそなえているものがある。こうしたスイッチをオフにすれば、バックやブレーキでいたずらに周囲の注意を引かずにすむ。尾行をわかりにくくするために、ナンバープレート用の照明も消灯できる仕組みになっている。

ただし一般道路で走り出すと、どこに仲間の尾行車がいるか互いに確認できなくなることがある。こうした事態を回避するためには、先行車がブレーキをポンピングして、ブレーキライトの点滅で合図を送るとよい。とはいえこの方法は、ほかの車がブレーキをかけていないときに行なわないとまぎらわしくなってしまう。「赤を踏め」という合い言葉が、このような仲間同士を確認するときに使われる。

FBI の張りこみ戦術

FBI などの保安組織は、十字路付近で張りこみをするときには車を四方向に停める。すると標的の車両がどの方向に行っても、いずれかの車両がその後方につくことができる。一般車をよそおった車が、標的の車の前方に駐車して油断させて、標的が発進したら尾行のゴーサインを出す。

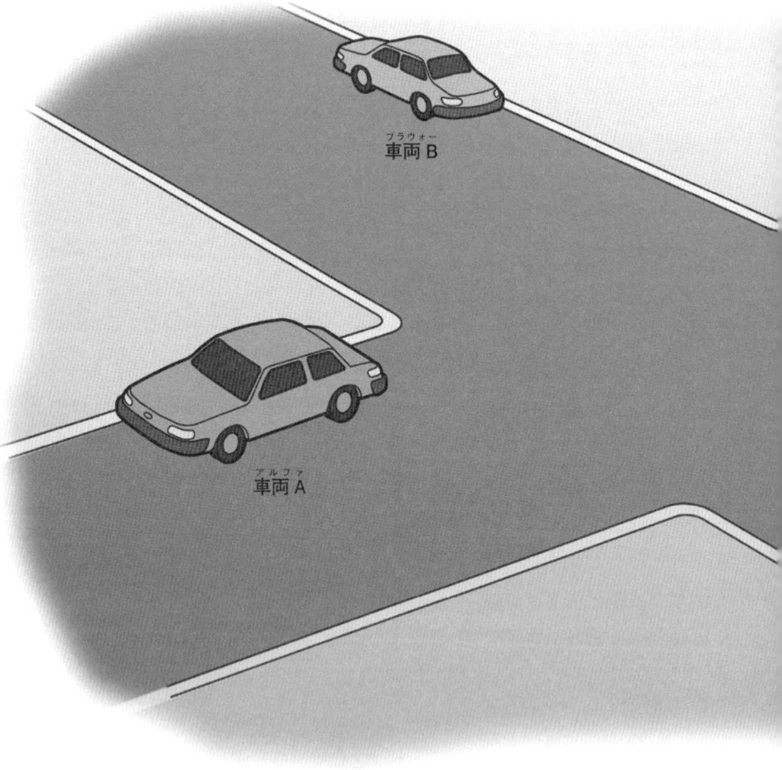

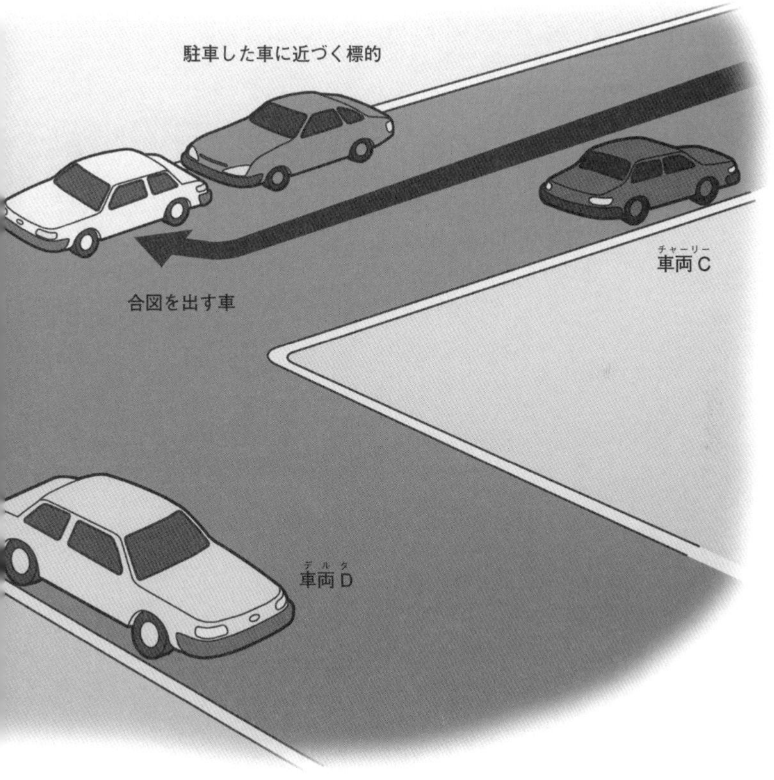
駐車した車に近づく標的
車両《チャーリー》C
合図を出す車
車両《デルタ》D

フローティング・ボックス（箱型移動）テクニック

とくに街路が碁盤の目に整備されている市街地に適している。1本離れた道で並走している車両は、標的が進行方向を変えても、ただちに追跡を引きつぐことができる。

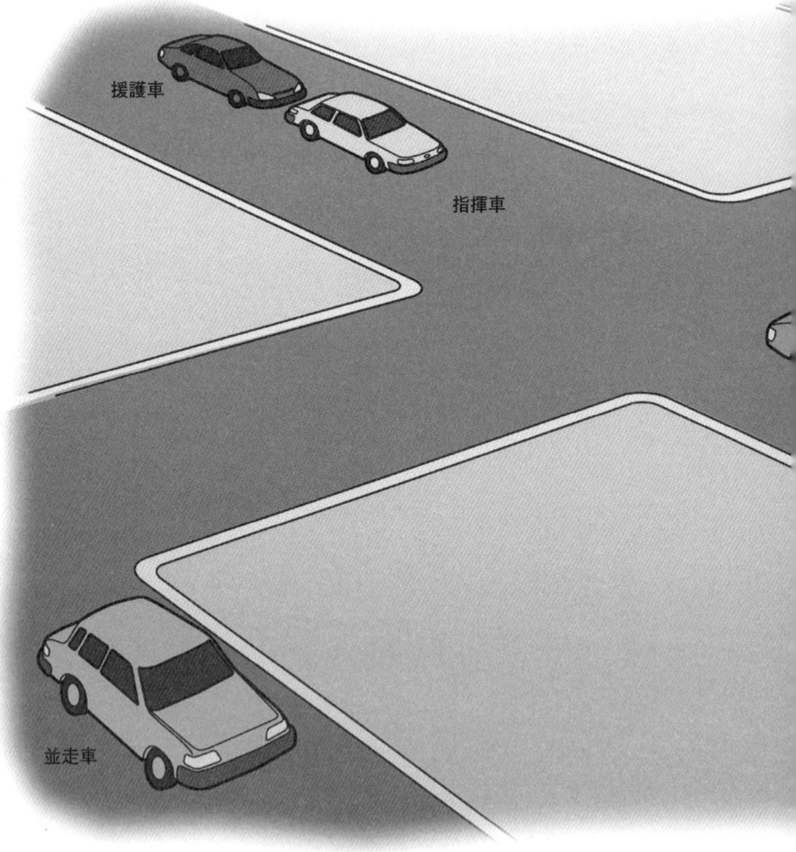

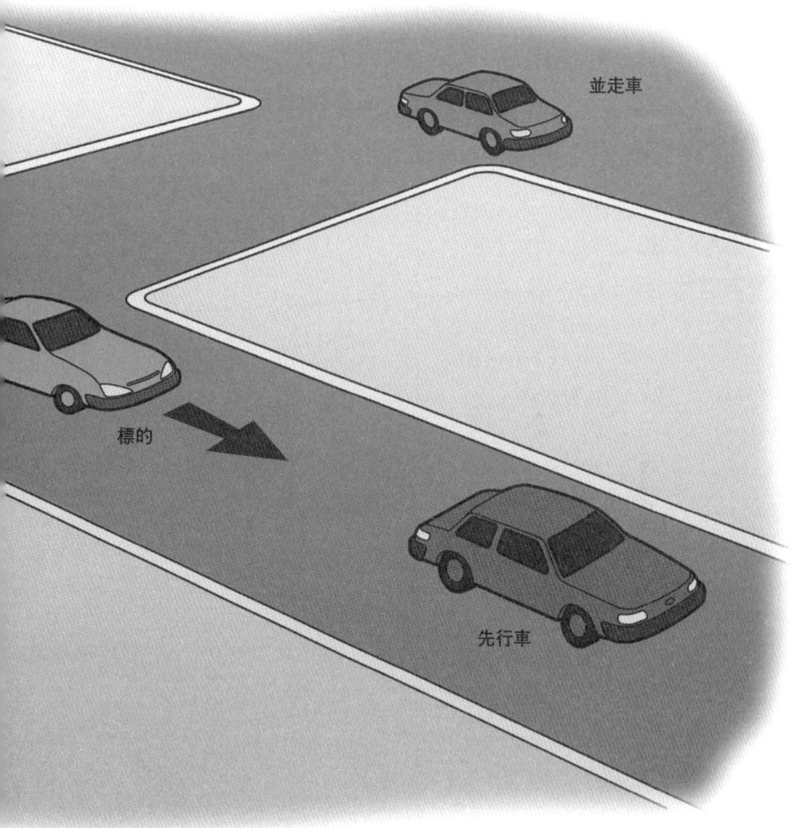
並走車
標的
先行車

で車両を換える可能性も頭に置いておく。とはいえ、練りに練った計画でもうまく運ばないことはある。サッダーム・フセインの捜索では、黒塗りのBMWを目的地まで追跡した。BMWがある家屋の外に駐車したので、特殊部隊がその家を急襲して室内にいた人間を捕らえ、尋問するために連行した。ところがまちがった黒のBMWを追跡していたのが明らかになり、治安部隊は赤っ恥をかいた。逮捕された人々も、まったくのシロだった。追跡作戦の本命である黒のBMWは、人目に触れないように別の場所の車庫に停められていたのだ。

イラクのテロリストの指導者アブー・ムサブ・アルザルカーウィの追跡では（ケーススタディ5を参照）、彼の宗教的な指導者シェイク・アブー・アブド・アルラフマーンが運転した複数の車が、アルザルカーウィを追いつめる決め手になった。尋問からの情報で、アルラフマーンが白のセダンから青のセダンに乗り換えるときはかならず、アルザルカーウィに会いにいくのがわかったのだ。標的の側からするともちろん、追跡があったとき追手を巻くために車を乗り換えていたのだ。ところが実際には、それがアルラフマーンの目的を簡単に確認できる手立てとなった。とはいえこの情報が事前に入るという強みがなければ、車が巧みに

曲がり角

死角になる曲がり角があれば身を隠しやすい。だが、標的が曲がり角の向こうで引きかえして待ちうけ、立場を逆転させることがある。もしそうなったら、尾行者は何事もなかったかのように、先を進まなくてはならない。

ロンドン警視庁公安部などのイギリスの機関で使われている略号

略号は監視任務を遂行する際に、簡略化したメッセージとしてよく用いられる。無線の通話時間を短縮するために、1、2語で、状況が説明できるようになっている。使う組織が異なれば略号も変わるので、作戦にかかわる全員に、該当する略号の周知を徹底する必要がある。

HA（Home address）…自宅の住所。

TA（Target address）…標的の住所。

OP（Observation point）…監視所。個人宅またはアパートの空き部屋など。

CPS（Central police station）…中央警察署。

レシプロカル（RECIPROCAL）…標的が同じルートを逆行。

ナチュラル（NATURAL）…小用。

ムーディ（MOODY）…標的がきょろきょろして、ひどく警戒しているなど。

TK（Telephone kiosk）…公衆電話ボックス。

イエス、イエス（YES YES）…無線での正規の「イエス」の言い方。

ノー、ノー（NO NO）…無線での正規の「ノー」の言い方。

ソー・ファー（SO FAR）…最後の通信を受信。

ゴー（GO）…チームに送信を許可。

ストライク（STRIKE）…上官からの建物または標的への攻撃命令。

フレンドリーズ（FRIENDLIES）…容疑者のあいだにまぎれている私服の捜査員。

ノー・チェンジ（NO CHANGE）…現況に変化なし。

パーミッション（PERMISSION）…メッセージの送信許可を求めている。

ターゲット（TARGET）…監視下にある対象もしくは建物。

ドラム（DRUM）…標的の住居。

ザ・ファクトリー（THE FACTORY）…中央警察署もしくは作戦チームの本部のこと。

ストップ、ストップ（STOP STOP）…標的が停止した（接近する作戦チームへの警告）。

コヴァート（COVERT）…サンヴァイザーもしくは体につける隠しマイク。

オリジナル（ORIGINAL）…標的が当初からめざしている方角をそのまま進行中。

ウェイト・ワン（WAIT ONE）…次の送信を保留するよう指示。

PNC（Police National Computer）…全国警察コンピュータ（車両の照合）。

アイボール（EYEBALL）…標的をいちばん近くで見ている捜査員。

コンタクト（CONTACT）…標的もしくは標的の車両を、捜索後に再捕捉。

コンヴォイ（CONVOY）…車で移動している標的を追う車列。

「略号」の続き

ノット・イクイップト（NOT EQUIPPED）…通常、実行チームが作戦部隊全体に連絡できるVHF無線機を装備していないことをさす。

ノーティド（NOTED）…受信した通信を了解した。

フット・マン（FOOT MAN）…徒歩の捜査員。通常は標的のすぐ近くの領域にいる。

バットフォン（BATPHONE）…モトローラ8000S携帯電話の通称。

ウッドントップ（WOODENTOP）…制服を着た警官の通称。

ログ（LOG）…標的の全行動にかんする記録のこと。

ビッグ・エア（BIG AIR）…通常の警察無線をチェックしているチームのこと。

スコープ（SCOPE）…暗視装置のこと（「イメージ・インテンシファイア」ともいう）。

スタンド・ダウン（STAND DOWN）…その日の活動を終了せよ、という指示。

オフ、オフ（OFF OFF）…標的が動きはじめた（「リフトオフ」ともいう）。

ノー・デヴィエーション（NO DEVIATION）…標的が当初からめざしている方角をそのまま進んでいる。

ボークト（BAULKED）…標的もしくは監視チームが、軽度または重度の渋滞にまきこまれている。

ツー・アップ（2UP）…車中にいる人数の確認。状況によって数字が変わる。

バーンド（BURNED）…尾行車または捜査員が気づかれたと思われる。

ブロー・アウト（BLOW OUT）…標的が張りこみに気づいたと思われる。

バックアップ（BACK-UP）…アイボール車両の後方で、交替できるように待機するチーム。

ツー・クリックス（TWO CLICKS）…携帯電話のボタンを押して、「ノー」をひそかに伝える方法。

スリー・クリックス（THREE CLICKS）…「イエス」またはメッセージを受信したことをひそかに伝える方法。

無線が沈黙しているのは、通信が届いていないことを示す。

旧来の略号に、「イエス、イエス」や「ノー、ノー」のように、言葉を2、3回反復する言い方が多いのは、他チームに意図を確実に伝えるためである。

公共の交通機関での尾行

公共の交通機関で尾行するときに重要なのは、不審に思われずに、標的をかならず視界にとらえていることだ。

乗り換えられたときに、追跡者は目標を見失っていたかもしれない。

尾行チームは、あらゆる不測の事態にそなえて、何台もの車両で標的の車両を追跡することがある。たとえば道路が碁盤の目のように整備された都市では、標的の車両を目視しながら追跡する車両と、それと並行した道路を走る車両を配置して、標的が突然角を曲がっても見失わないようにする。このように標的を追跡車両が前後からはさみ、さらに両側に並行する道路で伴走して、つねに四角の包囲陣にとらえる追跡テクニックをフローティング・ボックス（箱型移動）という。

追跡チームのメンバーは、フローティング・ボックスでの尾行を成功させるために、たえず連絡をとりあう必要がある。そうしていれば１台が渋滞で身動きできなくなっても、ほかの車が監視を引きつげるのだ。

徒歩での監視

捜査員は事前に、民族的・社会的な基準からはみださない服装をする、といったさまざまな対策を講じなければならない。また、不審に思った標的が不意にふりかえって自分の方向を見るようなことがあったときに、注意を引く行動または反応をしてはならない。この重要な戒めは、いつも心にとめておく必要がある。新聞紙の陰または出

標的を見失わない

標的はかならず視界に入れておくべきだが、目を合わせるのは禁物だ。疑念をもたせるような行為も慎む。たとえば、ろくに読んでいないのに新聞を広げるのはやめたほうがよい。

入り口からのぞきこむと、かえって目につきやすい。標的がふりかえったからといって、捜査員が急に立ちどまったり、あわてて物陰に身をひそめたりしたら、標的の疑念を裏づけるようなものだ。このような状況では、標的のことなど眼中にない、といった態度をとるのが正しい。標的がまったく動かずにいるなら、捜査員は標的に向かってさりげなく歩きつづけて横を通過する。

標的を包囲するボックス・テクニックでは、大人数の捜査員がひとりの標的に目を注いでいる。そうなると、標的が接近してくるまで、店やレストランで待機しなければならない者も出てくるだろう。ただし、不審に思われるほど長居をするのは禁物だ。レストランのテーブルに座った捜査員は、当然ながら食事の注文をすると期待されている。だから標的が通りすぎたときは、とっとと皿を空にして支払いをすませなければならない。

容疑者はときたま追跡回避手段として策をしかけてくることもあるので注意したい。ビルの角をまわりこんで死角にひそみ、尾行者の顔を見ようとすることもある。経験の浅い捜査員は、角を曲がって標的とはちあわせになったら、ギョッとするかもしれない。捜査員が顔色ひとつ変えずに冷静さを保たなければ、それで正体をバラしたこ

尾行の引き継ぎ

公共の交通機関で尾行をする際には、尾行チームの一部をホームで待機させて、尾行を引きつぐことも可能だ。

とになる。こうした事態を避けるために、捜査員は見通しのきかない曲がり角を通りすぎるよう指示されている。周辺視野で標的がまっすぐ進んでいるのを確かめたら、後続の捜査員に追跡を引きつぐよう合図する。

公共交通機関での尾行

公共交通機関での標的の尾行は、さまざまな理由から波乱含みになることが多い。そもそも標的の降車地を知るところから苦労が始まるのだ。捜査員は標的の近くまで寄って、どのような乗車券を買おうとしているのか確かめなくてはならない。あるいはどの停車地でも降りられる共通乗車券のようなものがあれば、買っておいてもよい。降車地を探りだしておけば、そこに車や監視チームを急行させて尾行をバトンタッチできるので、そうした意味でも役に立つ。

監視チームの人数や、降車地での引き継ぎの配備状況にもよるが、標的とともに乗車する尾行チームは１個以上必要だろう。電車に乗った場合、捜査員が標的の動きを観察するために接近したら、そこから先の任務を行なうのは危険だ。標的に顔が割れている可能性が大だからだ。

標的が電車を降りたら、捜査員は一緒に降りるところを、標的に絶対に見られないようにする。それでその先の尾行を危険をおかすことなく続けられる。標的がタクシーをひろったときは、そこで待機している尾行車が追跡を続行する。

ケーススタディ４

サッダーム・フセインの探索

イラクを相手にした国連武器査察団の交渉と介入が、めぼしい進展もないまま回を重ねると、2002年末、アメリカとイギリスはついにイラクとの外交努力をうち切る決断をした。2003年3月17日、ジョージ・W・ブッシュ大統領はサッダーム・フセインに、イラク国外に退去しなければ軍を攻め入らせる、と最後通牒をつきつけた。米英は侵攻のために細部にわたるうちあわせをしており、アメリカ軍はバグダードを、イギリス軍は南部のバスラをめざして進軍することになっていた。2003年3月20日、連合軍が攻撃を開始した。4月9日には、米軍の前にバグダードが陥落し、フセインは当初殺害を狙ったトマホーク巡航ミサイルの攻撃をしのいで姿をくらました。連合軍はイラク軍の通常兵力をうち負かした。だが、その後ふたつの問題がもちあがった。反乱の増加と、旧バース党政権の要人がまだ野放しになっていたことである。そのために大規模な捜索活動が開始された。

タスクフォース20

特殊作戦グループのタスクフォース20は、サッダーム・フセインと側近の捜索を命じられた。フセインがひそんでいると思われる掩蔽壕《えんぺいごう》には、正式な宣戦布告とともに空爆が試みられていた。だがそれより先に精鋭を集めた秘密分遣隊が、バグダード入りを果たしていた。バース党幹部のひそむ指揮統制施設には、予定どおりにF-117/A「ナイトホーク」ステルス攻撃機から907キログラムの爆弾が投下された。ただしあとからわかったことだが、フセインは空爆時にはそこにはいなかった。ここで早速問題

サッダーム・フセインは、イラクの都市ティクリートのダウル村で発見された。

がもちあがった。フセインの所在はおろか、生死を確認する術もなかったのだ。このような大型爆弾の投下後には、証拠が残る望みはなかった。

2003年7月22日、フセインのふたりの息子をある大邸宅からたたきだすべく、強襲作戦が発動された。ウダイとクサイは、モスルの高級住宅街アルファラーに潜伏していた。タスクフォース20がその任務を命じられ、第101空挺師団第2旅団が支援についた。邸宅に突入した強襲部隊は、雨あられの銃弾を浴びたため即刻撤退した。その後は支援部隊から建物めがけて、50口径重機関銃からロケット弾にいたるまで、さまざまな重火器が撃ちこまれた。が、それでも屋敷からの抵抗はやまない。ついにはTOW（光学追尾・有線誘導）対戦車ミサイルまでもが繰りだされて、ようやくフセインのふたりの息子にとどめを刺した。

エリック・マドックス軍曹

エリック・マドックス軍曹は、アメリカ国防情報局（DIA）の尋問官である。サッダーム・フセインの発見と捕縛は、マドックスが重要情報の突破口を開いたおかげで実現したといえる。バグダードに到着してからまもなく、マドックスは期せずして暗殺チームと行動をともにすることになった。このチームは、反乱者や重要目標人物の捜索を任務としていた。サッダーム・フセインに忠実な護衛のグループも、捜索の対象になっていた。護衛はたいていなんらかの形で、フセインとかかわりをもっている。最重要指名手配者の要人ブラックリストというのもあった。フセインはこのリストの筆頭で、クルド人への毒ガス攻撃を指示した「ケミカル・アリ」ことマジード元国防相は第5位、イッザト・イブラヒーム・アル＝ドゥーリ元国軍副最高司令官は第6位だった。バグダードの街路を猛スピードで車をすっ飛ばして、反乱者の巣窟かもしれない家屋を急襲する任務にも、マドックスはさほど動じなかった。米レンジャーズにいたこともあるからだ。それでも味方から50口径重機関銃で誤射されそうになったときは、さすがに余裕を失った。

マドックスは予備尋問を行ない、階級が低い護衛らを執拗に取り調べた。すると会話をするうちに、護衛はうっかり有益な情報をもらしてしまう。このことからどれだけ頭がきれても、矢継ぎ早の質疑応答が続くと、自分の言葉をいちいちチェックしてつじつまを合わせるのがいかにむずかしいかがわかる。捕まって体力を消耗してがっくり来ているときはなおさらだ。そのうえサッダーム・フセインが行方不明であるため、フセインの元側近は元大統領に対してつねづねいだいていた恐怖よりも、アメリカの侵攻という新たな現実に対応せざるをえない。エリック・マドックスは、

地下で発見

巧みな尋問テクニックで、ついにサッダーム・フセインの潜伏場所がティクリートに絞られ、農家の地下穴でフセインが発見された。

タイムライン

2003年3月20日　米英によるイラク侵攻が始まる。

2003年4月6日　イギリス軍がバスラに到達。

2003年4月9日　米軍がバグダードを陥落。

2003年7月22日　ウダイとクサイのフセイン兄弟の捕縛作戦が、ふたりの殺害という結果で終わる。

2003年12月12日　ティクリートの家屋を急襲して、ムハンマド・イブラヒームを逮捕。サッダーム・フセインの右腕だったこの人物は、フセインの正確な潜伏場所を知っていた。

2003年12月13日　米特殊部隊と第4歩兵師団第10騎兵連隊のG小隊がサッダーム・フセインの居場所をつきとめる。

2005～2006年　サッダーム・フセインが、イラクの特別法廷において人道に反する罪などで告訴され、公判で被告人質問に答える。

2006年11月5日　フセインが有罪と死刑を宣告される。

2006年12月30日　サッダーム・フセインの絞首刑が執行される。

フセイン狩りが完結。

そうした心理の変化も見抜いていた。監禁が永遠に続くかもしれないのだ。人間の自衛本能は強いのだ。マドックスはさらに、こうしたカードゲームでは慎重にかけひきすべきことを心得ていた。

尋問官はよいカード・プレイヤーであるだけでなく、すぐれた俳優でなければならない。この仕事では、ここぞというときに怒りを爆発させたり優しさを見せたりすることが、成果を左右する。俳優の才能は多くの場合、後天的に身につけるのではなく、生まれつきそなわっているものだ。腕のよい尋問官も同様に攻めと引きの正しいタイミングを本能的に知っている。マドックスは天賦の才能により、寄せられた情報にもとづいて全体図を思い描き、その絵に適合しない情報を正確に選りわけることができた。

フセイン発見

サッダーム・フセイン狩りは、中心的な支援者を次々と襲撃して、捜査を進展させる手がかりを探るという手法で続けられた。そうしたなか、第720憲兵大隊の急襲で、フセインの居場所につながる重要情報が得られた。ひとつの手がかりが次につながり、11月13日にティクリートで行なわれたガサ入れで、それまで以上に有力な情報提供者が現れた。

質問に答える者が多くなるにつれて、マドックスは3Dの絵を組みたてはじめた。さまざまな人間からの聞きとりで、それ以前に集めた情報の正確さも再評価できた。フセインの好きな食べ物といった、ささいな情報もあった。それでもマドックスは、万が一にそなえて細かい記録をすべて残しておいた。

今ではアメリカ人に協力的なふりをしている運転手への事情聴取は、当初ほとんど成果を生まなかった。が、マドックスが逮捕の手続きをすると一変した。この時点でゲームのルールが変わったのだ。マドックスは運転手を吐かせる材料をもっていた。その後明らかになった情報で、テロリストの最高幹部の内部構造のさらに中心部までが明らかになった。次なる標的は、ムハンマド・イブラヒームだった。イラクの反乱活動の副官であるイブラヒームが、命令に従うのはただひとり、サッダーム・フセインだけだった。司令部はセメントの小売店に置かれていた。現代の反乱はそうしたありふれたところで画策されている。事態をフセイン逮捕に進展させた重要参考人は、ふたりの無関係そうな漁師だった。

それからほどなくしてマドックスは、イラクのタスクフォース指令官に事情説明《ブリーフィング》を行なった。当時のTF指令官は、ウィリアム・マクレヴン海軍中将、のちの米特殊作戦コマンドの司令官である。その頃にはマドックスの残り時間はわずかになっていた。配置転換で米本国に戻ること

フセインの潜伏場所

サッダーム・フセインが潜伏していたのは、農家の敷地内に掘った穴だった。穴は発泡スチロールの蓋でふさがれており、換気口も設けられていた。

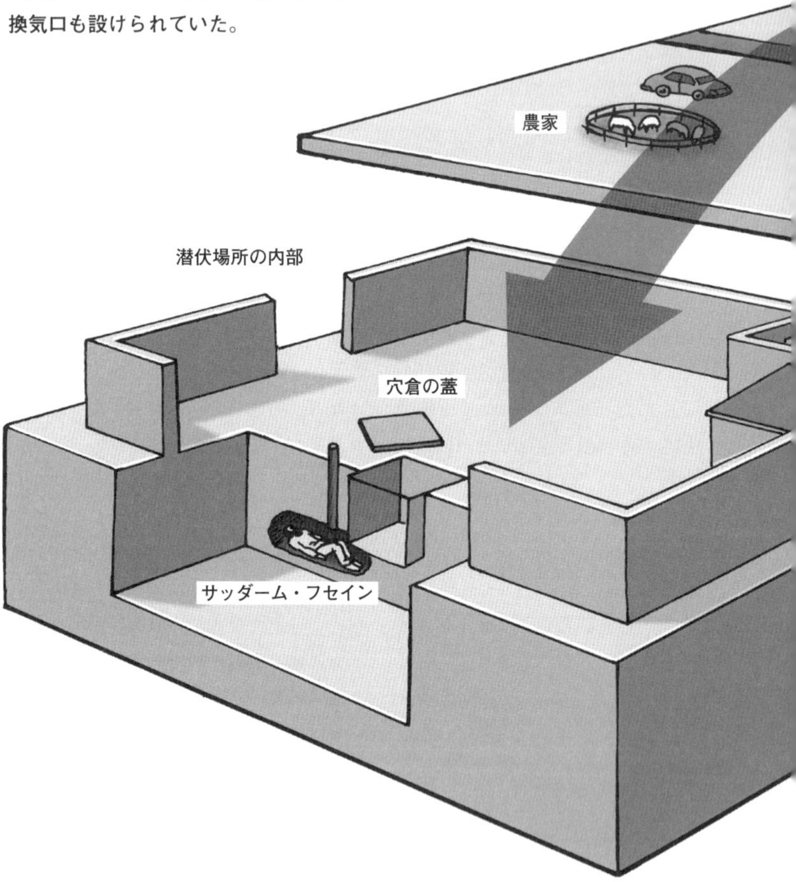

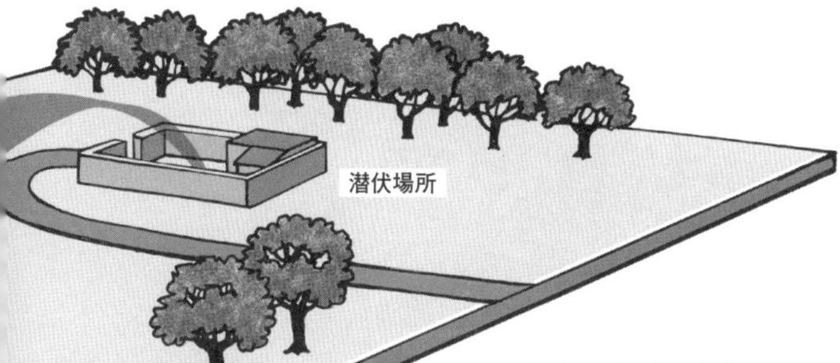

になっていたからだ。

だがマドックスはついていた。暗殺チームがひと働きして、ムハンマド・イブラヒームという大物の獲物をつれもどったのだ。イブラヒームが、パンのどちら側にバターが塗られているか悟るまでに、そう時間はかからなかった。サッダーム・フセインの潜伏場所をアメリカ人に教えたら、自分も家族もきっとはるかによい待遇を受けるだろう。

12 月 13 日、追跡チームがティクリートの東部に向かうよう命じられた。この作戦には、特殊部隊と第 4 歩兵師団第 10 騎兵連隊の G 小隊が参加した［実際にフセインを捕縛したのは、SBS、DEBGRU などの特殊部隊を混成したタスクフォース 121 だった］。するととある農家の中庭に小屋があり、そのそばに敷物で隠した穴が見つかった。フセインはようやく発見された。この元大統領は恥ずべきことに、その穴の中で縮こまっていたのである。

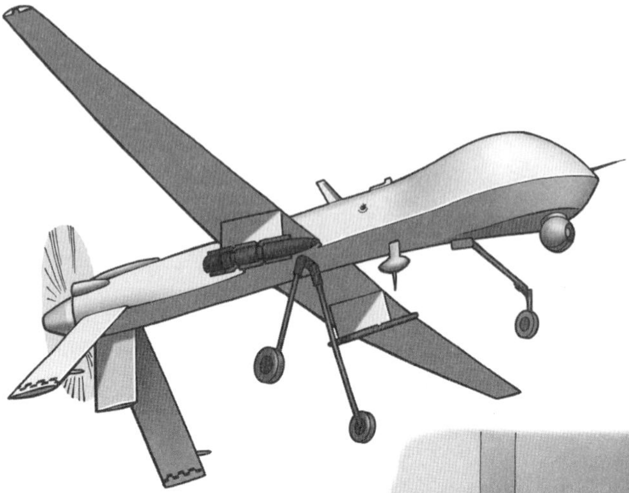

CENTRAL INTELLIGENCE AGENCY
UNITED STATES OF AMERICA

第4章

現代の集中捜索では、テクノロジーの産物がきわめて重要な役割を果たしており、その種類は小道具から衛星にいたるまで、幅広い範囲におよんでいる。

ハイテク

現代では集中捜索が、国境を越えて展開されることも少なくない。容疑者本人と、判明している共犯者についての情報を最大限に収集するためには、地上、空中、宇宙に幅広いハイテク資産を配備する必要がある。

目視監視

地上で目視監視任務を受けもつのは、警察、情報部隊、特殊部隊だ。道具としては高倍率の望遠鏡、双眼鏡、望遠カメラ、閉回路テレビ（CCTV）が使われる。闇にまぎれて活動するときは、パッシブ方式の熱線映像装置で視界を確保する。携帯電話に内蔵されている小型カメラは、かつては秘密諜報員の商売道具だった。当然のことながらこのような撮影手段は、地上の捜査員も手軽に扱えるし、使用時にさほど不審に思われない。諜報活動専用の監視カメラには、腕時計型やペン型もある。

音声監視では、隠しマイクや無線送信機など、多くの種類の装置類を使用する。アンテナを必要としないワイヤレスマイクは小型化が進んでいて、どこにでも隠すことができる。

現代の集中捜索では、無人航空機（UAV）、非対称型通信モデルのコンピュータ［アップロードとダウンロードの通信速度が異なるタイプ］、熱画像装置などのハイテク兵器・機器が投入されている。

警察 CCTV の映像

閉回路テレビ（CCTV）カメラから送られた情報で、不審な行動やテロに発展しそうな行動を発見できる。

熱画像

熱画像装置は豊富な種類があり、軍事・非軍事いずれの目的でも、容疑者を夜間に追跡する際に使用される。

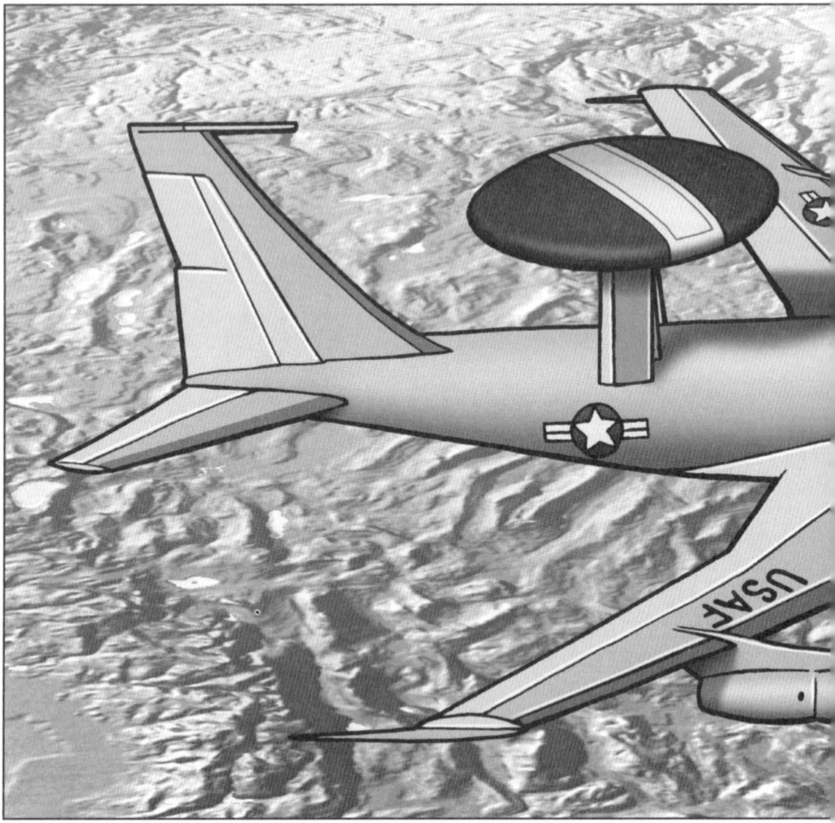

航空監視

最近は情報収集のために、従来型のさまざまなタイプの航空機に先進的な監視装置を積載している。たとえばイギリス空軍は、改造したビーチクラフト「キングエア」350CERに、L-3ウェスカムMX-15電子光学・赤外線カメラをはじめとする多様な探知装置を搭載している。イギリス第5(陸空協同)飛行隊が運用するボンバルディア「グローバル・エクスプレス」の改造機は、監視システムから得た戦場などのデータを地上に送信できる。イギリス空軍はまた、ブリテン=ノーマン「アイランダー」をノーソルト空軍基地から飛ばして、容疑者同士の電話通信の

E-3「セントリー」早期警戒管制機

早期警戒管制機（AWACS）等による空中監視は、戦況の把握以外にも、テロや反乱の動きについての情報収集に活用されている。

傍受などの監視にあたらせている。

米軍は航空監視用に、ボーイング707にプラット＆ホイットニー社の最近のエンジンを搭載した改良機、E-8「ジョイント・スターズ（Joint Surveillance Target Attack Radar System、統合監視・目標攻撃レーダーシステム）」を運用している。このジョイント・スターズはもともと、戦場の監視と管制、および敵装甲部隊の探知を目的に設計された。が、人間の追跡も可能で、たとえばアフガニスタンの作戦域では、タリバン兵の集団の識別にも利用される。

もっとも名の知られている早期警戒管制機（AWACS）は、ボーイングE-3「セントリー」だろう。ベースになっている機体は、これもまたボーイング

UAV

RQ-1A「プレデター」などの無人航空機は、監視と前進観測の機能があるほか、必要に応じて標的を攻撃する能力がある。

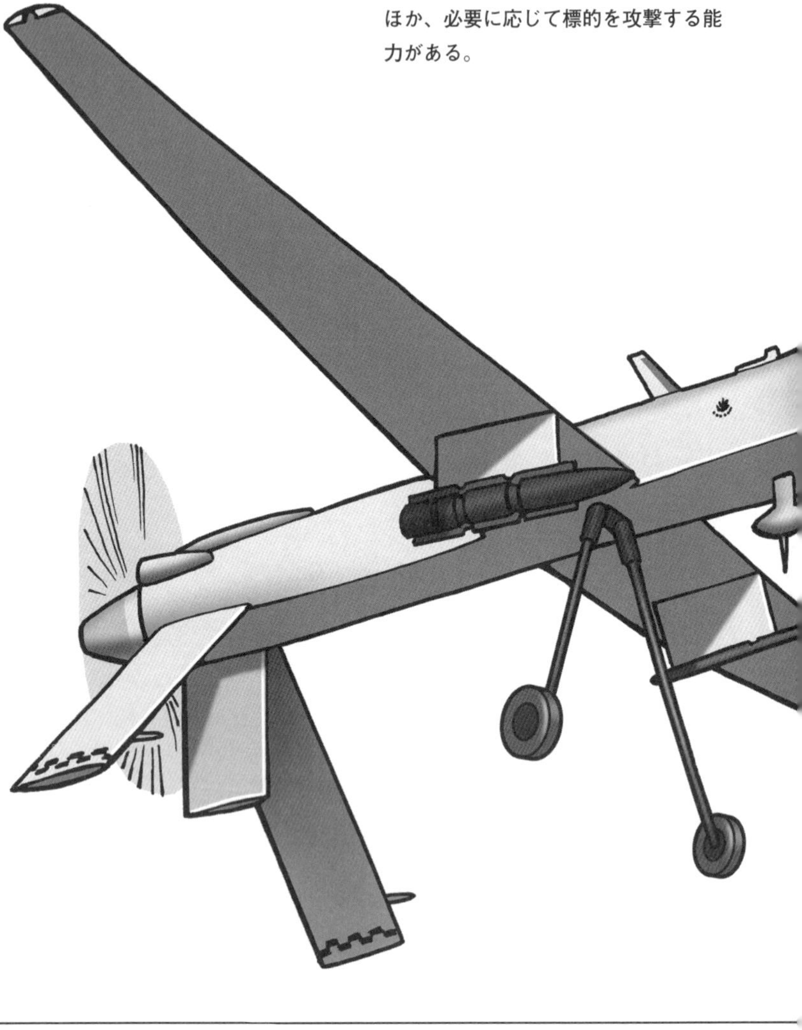

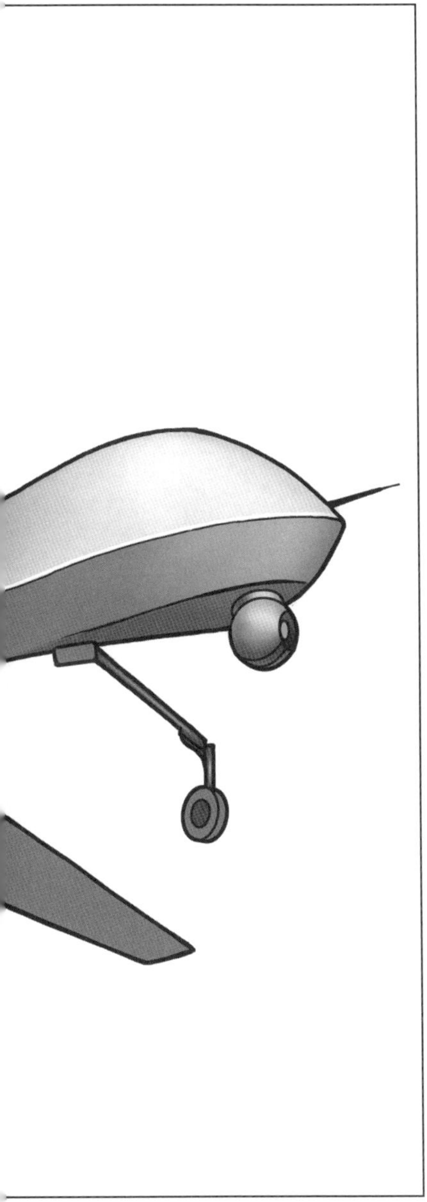

追いつめられた ビン・ラディン

アボッターバードの屋敷は、壁や入り口が二重構造になっているのが確認された。

707だ。E-3は、遠距離の早期警戒にくわえて、空中・地上の戦域への航空管制が可能だ［ボーイング社のホームページによれば、レーダーの探知距離は320キロ以上］。たとえば、湾岸戦争の「砂漠の嵐」作戦で、イラクの地上に展開した米英の特殊部隊は、E-3「セントリー」AWACSを経由した無線で、航空支援機とやりとりしたはずである。

無人航空機

さまざまな有人の固定翼機やヘリコプターによる偵察はもちろん、無人航空機（UAV=unmanned aerial vehicles）による偵察も増加しており、航空監視の重要性はますます高まっている。

UAV技術の向上とともにカメラの性能も発達した。UAV積載のカメラは、タカの目のように鮮明な解像度で、高度1万8000メートルから小さな物

MQ-9「リーパー」

MQ-9「リーパー」UAV は、高高度からの監視と標的の阻止を目的に開発された。このタイプの UAV は、反乱者に対しきわめて効率のよい戦果をあげている。

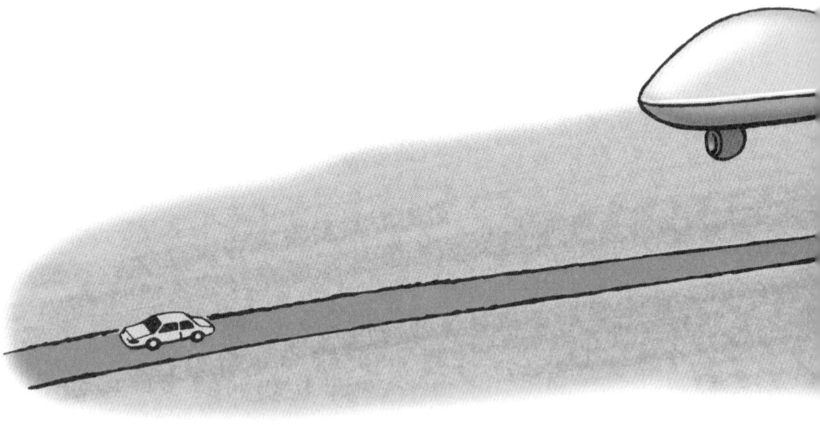

体を識別できる。UAV に搭載される赤外線カメラは、60 キロ離れた人間の体温を検知できる。現在開発中の超小型無人航空機（MAV=Micro Air Vehicle）は、超小型カメラを搭載して建物内を飛びまわれる。将来的には、昆虫サイズで羽ばたきができる MAV の開発も予定されている。

ドローンまたは UAV と呼ばれる無人航空機は、長年にわたりさまざまな形で使用されてきた。第 1 次、第 2 次大戦でも軍事利用され、ベトナム戦争では、米空軍の第 100 戦略偵察航空団が数千回にわたる出撃任務をこなした。ドローンの損耗率は高かったが、それはある程度度外視された。搭乗するパイロットがいないので、実質的な損害は機材の費用のみだからだ。その事実は今日も変わらない。航空偵察は危険な任務だ。偵察機は敵地上空に一定時

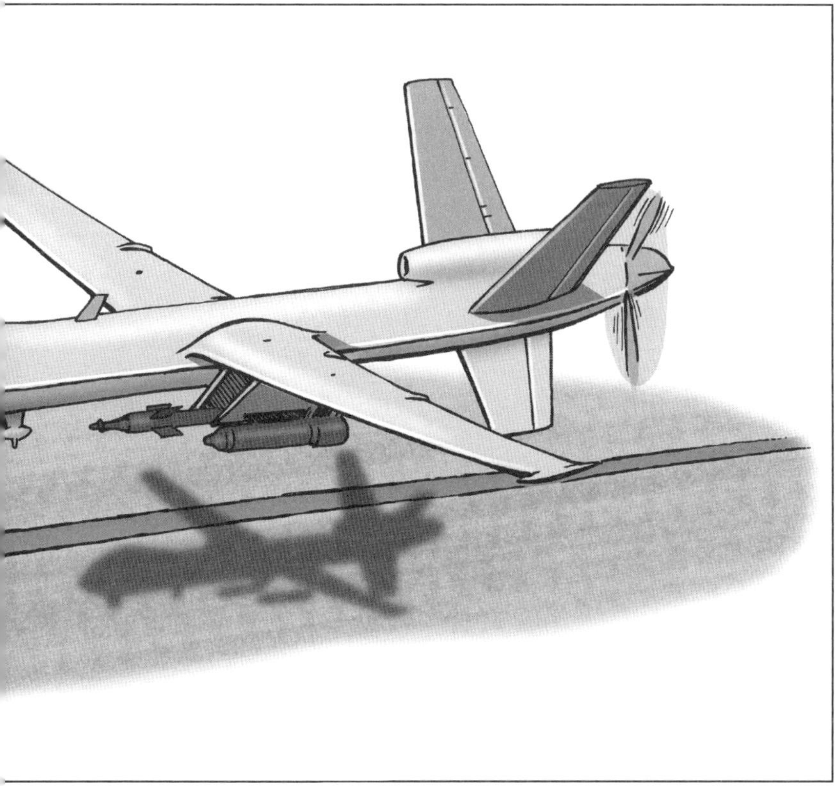

間とどまって旋回飛行するので、とくに敵が高射砲やミサイルなど、対空防衛施設を配備している可能性がある危険区域では、パイロットの要らない航空機のメリットは火を見るより明らかだ。

米軍全体の中でUAVは、飛行高度と戦術的能力に応じて、ティア（層）と呼ばれる分類に分けられている。ティアⅠに該当するのは遠隔操作のUAVだが、これは公園などでラジコン・ファンが飛ばしているような代物とは違う。高解像度のカメラを装備したこの手のUAVは、操縦者を危険にさらさずに状況認識を可能にする。自動操縦で飛ばすこともできる。

それより高い高度で、破壊任務に投入されるのは、ティアⅡのMQ-9「リーパー（死に神）」だ。米英の空軍のみならず、米海軍、イタリア空軍でも運用されている。リーパーは、個人やグループの不審者やテロリストなどを対象とする監視で、きわめて高い能力を発揮する。リーパーのカメラ映像では、3.2キロ離れた車のナンバープレートも読みとれるといわれる。不審な標的が直接的な脅威であると判断されると、すさまじい破壊力の多様な武装で、さまざまな標的を無力化する。搭載可能な兵器には、GBU-12「ペイヴウェイ」IIレーザー誘導爆弾、AGM-114「ヘルファイア」空対地ミサイル、AIM-9「サイドワインダー」およびAIM-92「スティンガー」空対空ミサイルがある。リーパーはすでに実戦投入されていて、原稿執筆の時点ではアフガニスタンでの戦闘任務に投入されているほか、北米でもアメリカ国土安全保障省に保有されて、国境パトロールに配備されている。

イギリス空軍もアフガニスタンでの対タリバン作戦で、リーパーを使用していた。なお、イギリス軍では遠隔操縦航空機（RPAS=Remotely Piloted Air System）とも呼ばれている。イギリス空軍での位置づけは、当初は情報・監視・偵察用の資産だったが、必要に応じて近接航空支援にも送りこまれた。最初の配備で満足の行く結果が得られたため、イギリス空軍はその後すぐに、リーパーの注文数を2倍に増やした。

機体のサイズと戦術的能力がさらに高いティアIIプラスには、ノースロップ・グラマン社のRQ-4「グローバル・ホーク」がある。高高度での飛行が可能で、合成開口レーダーが搭載されているので、雲の影響を受けない検知が可能だ。さらに電子光学機器や赤外線センサー等を積んでいて、多様な監視能力を発揮する。

衛星監視

衛星監視の進歩はめざましく、とりわけ軍事衛星は先進の技術開発のおかげで、宇宙空間から地上の人間の高解像映像をリアルタイムで送れるようになった。さらに、化学物質などを識別できるテクノロジーも実現している。衛星が集められる情報は映像だけでない。多種多様な信号や通信情報の傍受も可能なのだ。

信号情報（SIGINT、シギント）

通信の傍受は、個人を追跡したり戦時の敵の戦略を暴いたりするうえで、非常に有効な手段だった。それははるか昔から現在にいたるまで変わっていない。傍受された信号や通信が暗号化されている場合は、暗号解読員が信号を復号して内容を読みとる。第2次世界大戦中は、イギリスの通信傍受と、「ウルトラ」計画の一部である暗号解

監視衛星

監視衛星は、オサマ・ビン・ラディンの捜索で決定的な役割を果たした。宇宙空間で軌道を修正した衛星によって、電話の発信源がピンポイントでつきとめられたのだ。

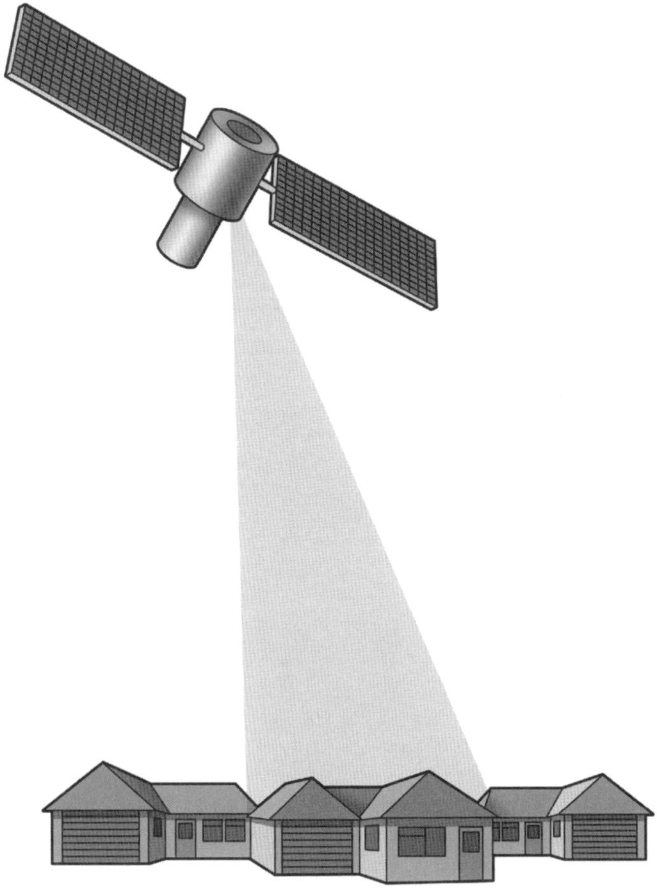

「サイドワインダー」ミサイル

AIM-9「サイドワインダー」ミサイルは、MQ-9 リーパーなどの UAV に搭載されて、テロリストや反乱者への攻撃に使用されている。

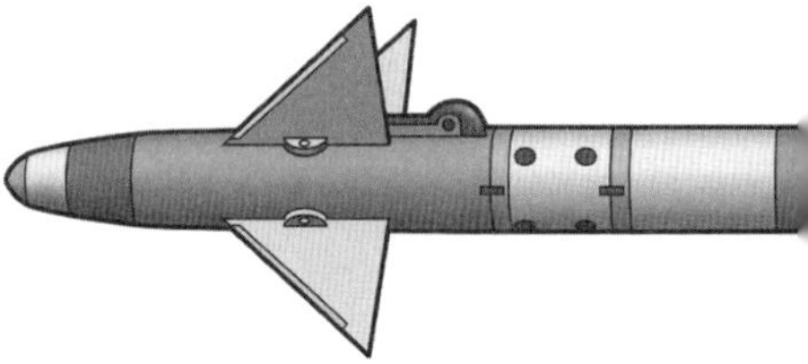

CIA 特殊活動部隊の特殊作戦グループによる UAV 攻撃

CIA 特殊活動部隊（SAD）の特殊作戦グループ（SOG）は、アフガニスタンなどの地域で、無人航空機（UAV）を使ってきわめて効率よい戦果をあげている。

2008 年 2 月 14 日、ワジリスタン南部で UAV から発射されたミサイルが、27 人のタリバン＝アルカイダ兵を殺害した。CIA の隠密チームが、UAV を使って数十人の反乱者を抹殺した事例は、このほかにも枚挙にいとまがない。2009 年 5 月だけでも、50 人あまりのアルカイダ兵が、UAV によって葬られたと推定される。隠密裏に使われた無人攻撃機のすさまじい威力が、このことからもうかがえる。それからまもなく、無人攻撃機に暗殺されたタリバン＝アルカイダ兵の数が数百人に達すると、アメリカ政府はこの計画のめざましい成功について発表し、さらに資金を注ぎこんだ。

このとき CIA の SAD（SOG）チームが使用した UAV は、MQ-1 プレデター［RQ-1 を武装可能にしたモデル］と MQ-9 リーパーだった。プレデターは、ヘルファイア対戦車ミサイルを武装している。一方リーパーは、230 キロの爆弾とヘルファイアを搭載できる。

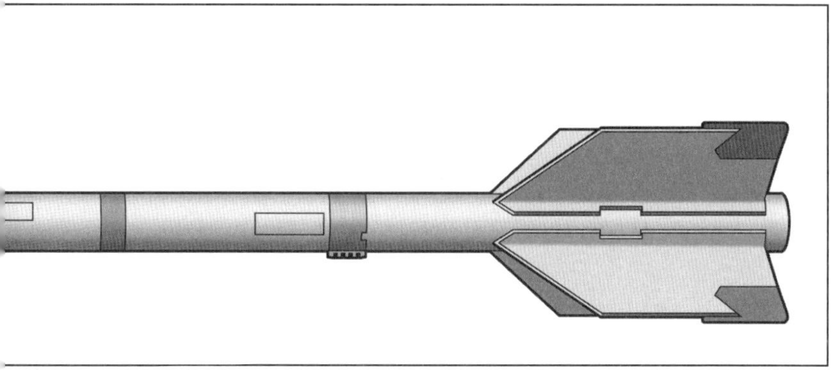

読から判明した情報のおかげで、連合軍は数々の勝利をあげた。

とはいえ、大戦で国の大規模部隊から送られた指令の通信を傍受するのと、現代のテロリストの発する通信に対処するのとは、まったく事情が違う。後者は規則性がなく散発的だ。だが、テロリストが正規の軍隊と同じような通信システムをもたないとはいえ、アルカイダのような組織は信号通信に高度な技術をとりいれており、決して侮ることはできない。

2001年9月、ニューヨーク世界貿易センタービルへのテロ攻撃、2004年3月、マドリードの列車爆弾テロ、2005年7月、ロンドン同時爆破テロ。こうした大がかりな国際的なテロ攻撃を実行して、しかも国家的・国際的な情報機関の目をすり抜けて成功に導くためには、いずれの場合も高度に発達した通信網が必要となる。アルカイダなどは、中東やヨーロッパ、北米で無数の潜伏先を用意していて、そうした拠点を高性能なコンピュータを介した通信網でつないでいた。またこうしたシステムは、アメリカの諜報衛星を追跡する能力もあった。アルカイダはさらに、探知されずに世界中に暗号化した情報を配信していた。このようなテロ組織は、よく自国への忠誠心を失った諜報のプロをとりこんで、その専門技術を利用している。そうした人物とともに、諜報活動と対諜報活動にかんする豊富な知識と実行のノウハウも流出しているのだ。

このような高度に組織化されたテロ集団は、規模が小さく複雑化していて機動性に富む。それが、図体の大きな国の情報機関を上まわる利点となる。国家的・国際的組織は、敵から学んだ方式で対抗するために、さまざまな情報収集の選択肢を組みあわせて、柔軟で順応性のある情報収集システムを構築しなければならなかった。そこで宇宙、航空、地上のハイテク資産による情報にくわえて、人的情報（ヒューミント）が、現場の情報工作員などのスペシャリストを通して集められ、活用されたのである。

アメリカの情報機関

アメリカでは中央情報局（CIA）が大量の情報を扱っているが、それ以外にも米軍部の独自の情報機関、あるいは国防情報局（DIA）、国務省情報研究局（INR）、連邦捜査局（FBI）が情報機関として活動している。こうした機関をすべて管轄しているのが、国家安全保障局（NSA）だ。2001年9月の世界貿易センタービルへのテロ攻撃のあと、アメリカ政府は国家安全保障省を創設して、そこにCIAの情報分析官を編入した。9・11後には、CIAやFBIなどの情報機関のあいだで、テロ実行犯についての情報交換がなかったことが問題視された。そのため現在は、CIAの情報部員をFBIの班に出向させると同時に、その逆の出向も行なっている。重要情報を各機関の秘密主義でむだにしないための配慮である。

CIAは、戦場でも対テロ作戦の現場でも、ますます有効な情報を提供で

地球規模の監視

衛星監視は地球規模で運用されており、多数の同盟国に受信機と情報センターが設置されている。

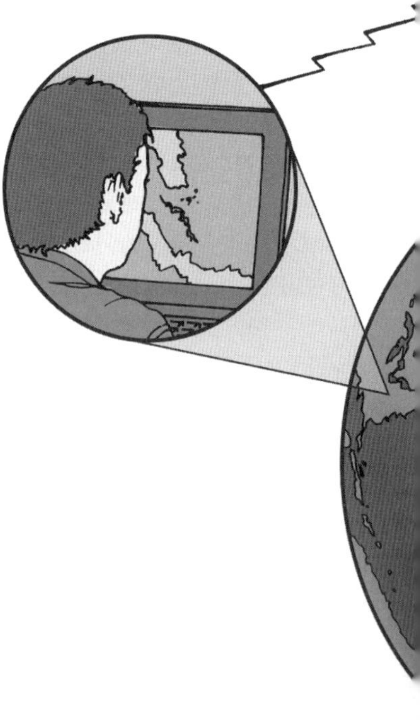

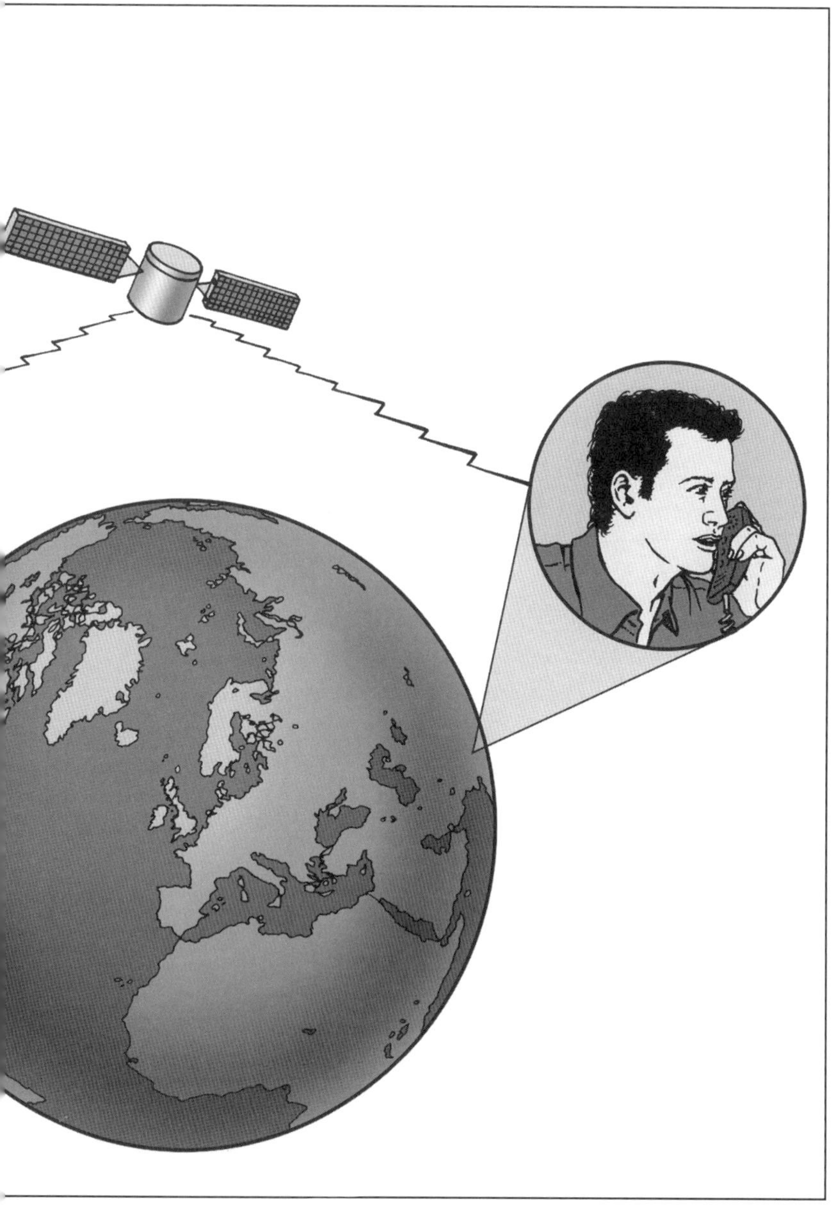

報告の提出

情報部員は、配備された国で状況を監視し、発見した事実を本部に報告する。

きるようになったし、FBIは、CIAと連携して国内の対諜報および対テロ活動にとり組んでいる。一方、NSAの管轄は信号情報（シギント）だ。世界中のあらゆる種類の信号や通信の傍受と解析、あるいは必要に応じて解読もしている。通信傍受は、疑わしいと判断されたあらゆる形式の商業電子メールと電話の通話内容を対象にしている［2013年にはNSAの元職員E・スノーデンが、米国内でやりとりされる一般電子メールの通信情報も、NSAが収集していることを暴露している］。

全世界通信傍受ネットワークのエシュロン計画でアメリカは、カナダ、イギリス、オーストラリア、ニュージーランドの4カ国と協定している。当初は、旧ソ連とその同盟国の諜報活動に対抗するために発足した計画だが、現在はエシュロン活動のうちのかなりの割合が、テロ組織とテロ分子とのあいだの通信傍受にさかれているはずである。おもに衛星による文字・音声・画像の通信を傍受しているが、光ファイバーを経由した通信の増加が、情報傍受の新たな課題となっている。

アメリカで、情報収集のための衛星を打ちあげて制御しているのは、国家偵察局（NRO）だ。衛星は通常、アトラスVロケットで宇宙空間に運ばれる。衛星の機能別の種類は、信号情報、画像監視、通信のいずれかだ。最近の開発で、打ちあげが容易な小型衛星も配備できるようになった。こうした衛星は今後、情報収集のための編制にくわえられる可能性がある。信号情報衛星は、オサマ・ビン・ラディンの側近がかけた電話を特定するのに用いられた。その信号情報をもとに、電話をかけた者の地理的な位置がピンポイントで割りだされたのだ。

イギリスの情報機関

イギリスの通信情報収集の歴史は、遠く16世紀にさかのぼる。エリザベスI世時代の諜報機関のボス、フランシス・ウォルシンガムが、容疑者間で送られた郵便小包を開けたのが始まりだった。現代版の情報機関は、MI5、MI6の旧名で知られている（軍事情報部Military Intelligence room第5課、第6課の頭文字）。両組織の第2次世界大戦当時の活躍は有名だ。現在の公式名称は、国家保安局（MI5）と秘密情報部（MI6）になっている。

この両機関は、テロリスト容疑者の「マンハント」に積極的に参加している。ただしMI5が守備範囲として力を入れているのは、一部の例外はあるにせよ国内だ。一方MI6のほうは、国外を中心に情報収集や活動をしている。MI6職員は、任務の性質上オサマ・ビン・ラディンやカダフィ大佐な

CIA 特殊活動部隊

アメリカの中央情報局（CIA）の組織である国家秘密局（NCS）は、その配下に特殊活動部隊（SAD）を擁している。そしてこの SAD も、政治的な秘密工作と準軍事的な特殊作戦の 2 グループに分かれている。SAD の政治工作グループは、心理、経済、政治、サイバーといった、多面的な分野で活動に従事する。

準軍事的任務は、SAD の部門である特殊作戦グループ（SOG）によって遂行される。SOG には、おもに敵地での諜報活動と、アメリカ政府の関与を表沙汰にしない秘密工作が割りあてられる。SOG 工作員は、原則的にアメリカ政府の職員とは認められない。こうした準軍事的活動で多いのは、重要目標人物の追跡の協力任務だ。オサマ・ビン・ラディンの密使を追う任務を負い、アボッターバードの屋敷にたどり着いたのは、この SOG 工作員だった。彼らはその後も、隠れ家を設けて CIA に情報を送りつづけた。シールチーム 6 の強襲作戦は、そうした情報をもとに立案されている。

SOG などの SAD 工作員は、「拒否」地域［現状の軍容では軍事活動の成功が望めない敵地］での任務を遂行する。これまでも、多数のアルカイダ重要メンバーの逮捕に貢献してきた。アフガニスタンでは、SAD の SOG 準軍事部隊が対テロ追撃チーム（CTPT）を立ちあげて活動し、大成功をおさめた。2010 年には、CTPT 隊員は 3000 人にふくれあがっている。こうした人員は、すでに戦場となっている地域に配備されることもあれば、政府または軍の公式な部隊が派遣されていない僻地に派遣されることもあった。アフガニスタンの国境地帯で、アルカイダ＝タリバン兵を追う越境任務にもついていた。

米情報機関の徽章

アメリカの情報機関は、非軍事および軍事、国内外の諜報活動、阻止任務と、幅広い分野で活躍している。9・11 ニューヨーク・ワシントン同時多発テロ以来、情報機関の相互連携も進んだ。

MI5の徽章

イギリスの情報機関には、国内活動に従事するMI5と、海外活動のMI6、イギリス国防情報部がある。これらを管轄しているのが合同情報委員会（JIC）だ。

どの重要目標人物の捜索にくわわっているはずだ。捜索活動の荒っぽい場面は特殊部隊にまかせるのだろうが、MI6は職員の中に特殊部隊出身者がいることからもわかるとおり、武器扱いの訓練の水準は高い。

非軍人の情報官と軍人の特殊部隊兵士のあいだにあった溝は、つい最近創設された特殊偵察連隊によって、だいぶ埋められつつある。とはいえMI5やMI6の職員は今も、通信から情報を収集する装置を使って、スパイ活動に従事している。こうした文民の捜査活動では、情報官は容疑を深める手がかりをにぎっていたとしても、イギリスの法律では容疑者を逮捕できない。そのため、ロンドン警視庁公安課のような警察の部隊が代わって、逮捕の任にあたる。またそうして法廷での審議にもちこんだとしても、情報機関は人権法を盾にした被告人弁護士から、容疑を固めた手段や追跡の方法について正確な情報を出すよう、正面から要求されることがある。そのような情報を公にすれば、国の安全保障を危うくすることにもなりかねない。そのため公判の維持がむずかしくなり、容疑者は無罪になってしまうのだ。

陸海空３軍の情報スペシャリストはイギリス国防情報部が統合し、イギリス全体の情報機関の活動は合同情報委員会（JIC）が監督している。

人的情報（HUMINT、ヒューミント）

ハイテク機器は、種類も豊富でさまざまなものが出ているが、人的情報（ヒューミント）の価値は変わらない。捜索を効率よく進めるために、むしろなくてはならない情報である。ヒューミントを収集する手段には、交友から人間関係の構築、実質的な尋問、そしてときには実力行使と、硬軟まじえてさまざまなパターンがある。

抜け目なく幅広い交友関係を築くや

カダフィ大佐の捜索

退陣させられたリビアの元独裁者、カダフィ大佐の捜索で、MI6工作員とイギリス特殊部隊の連携があったことが、本稿執筆の時点で話題になっている。

報道によると、リビアに派遣された第22SAS連隊が、イギリス空軍航空機のために火力統制を行ない、カダフィと側近をいつでも急襲できる態勢を整えていた。一方MI6とCIAの工作員は、現地の協力者を使って追放された指導者の行方を追った。

またイギリスのチェルテナムでは、政府通信本部（GCHQ）のおびただしい数のハイテク機器を駆使して、懸命な通信傍受作業が行なわれた。カダフィが衛星電話で通話したときはかならず、その肉声が確認されていたほどだ。米英相互の情報交換で、アメリカのハイテク機器やヒューミントから得られた情報も、イギリスに伝達されたのだろう。

人的情報

情報工作員は厳しい訓練をやりとげてはじめて、複雑きわまる諜報の現場に配置される。

地元住民との交流

地元の地域社会と良好な関係を育んでいれば、あらゆる面でメリットがあり、有益な秘密情報の発掘につながる。

り方は、外交の範疇に入るかもしれない。実際外交官が情報官として働く場合もあるのだ。情報源となるのは、公式・非公式に会う外交官、大使館付き武官の職務内容、ボランティア活動をするNGOスタッフ、難民、ジャーナリスト、旅行者、特殊部隊によるスパイ行為や隠密監視などだ。

判断

とはいえ、集まった情報があまりにもちぐはぐだったり、欺瞞《ぎまん》のために故意に流した情報だったりする可能性はたえずつきまとう。情報官は、情報の出所がはたして信用に値するかどうか判断をくださなければならない。下手をすれば、自分が罠にひきずりこまれるか、ほかの者を危険にさらすはめになる。特定の情報や手がかりの信憑性を判断するために、互いに無関係な複数の情報源にあたって裏をとるのもひとつの方法だ。上官は、「前線」から上がってきた手がかりを追うべきかどうか、決断しなければならない。情報の評価では、「不正確」や、「攪乱《かくらん》目的の偽情報」など、さまざまな評定がくだされるだろう。

ある国で人々がどのように行動するか、また制度がどのように機能するかを理解すれば、その文化の片鱗《へんりん》でも知ることになる。情報官のみならず、ときには特殊部隊の兵士も、赴任する国の言語や文化を学習している。言語や文化を知れば、それだけメリットがある。まずは情報官が接触できる範囲が広がる。また特定の状況で人々がどう行動しどう反応するか、予想がつきやすくなる。

1960年代のマラヤ動乱で、SASは「民心獲得《ハーツ・アンド・マインズ》」工作を通して、地元住民と価値ある同盟関係を築いた。おかげで住民の得意とする追跡などのテクニックを、おおいに役立てることができた。兵士と地元の村人のあいだに良好な人間関係ができたので、村人がテロリストをかくまったり、SAS活動についての重要情報を敵に流したりする可能性は低くなった。T・E・ロレンスも同様に、第1次世界大戦中にアラブ反乱を画策するにあたり、アラブ人の流儀を知り、アラブ人のように暮らそうと最初から心を決めていた。アラブ人をまねて同じ服装をして同じものを食べ、ときには砂漠地帯でアラブ人が示す恐るべき持久力を、ロレンスがしのぐこともあった。このようにするうちに、アラブ人の信頼と尊敬を勝ちとった。その逆パターンもある。その文化を知って認めるうちに、情報官が味方を裏切って二重スパイになることもありえるのだ。

第2次世界大戦中は、英米政府が派遣した工作員が、レジスタンスのグル

外交

軍関係者が、外交のために派遣される例も多い。生命維持に必要な補給品を共同体に供給し、道路や橋を修復するためのマンパワーになる。

尋問

特殊部隊や軍・情報部門の工作員は、敵に捕まる確率が高いため、尋問抵抗（RTI）訓練を受ける。

捕虜と尋問にかんするジュネーヴ条約（第３条約）の条項

第13条

捕虜はいかなる場合も、人道的に待遇しなくてはならない。抑留国の違反行為もしくは義務の怠慢により、拘留中の捕虜を死にいたらしめ、または健康に重大な危険をおよぼす行為を禁じ、かつ本条約の重大な違反と認める。とくに捕虜の身体の切断を禁じ、また捕虜の内科的もしくは歯科的治療の必要上正当化されず、かつ捕虜の利益に即していないときは、種類をとわず医学もしくは科学の実験対象にしてはならない。同時に捕虜はつねに保護し、とくに暴行または脅迫行為、および侮辱または大衆の好奇から守らなければならない。

捕虜に対する報復措置は禁止する。

第14条

捕虜はいかなる環境でも、その身体および名誉を尊重される権利を有する。

女性は、女性にはらうべきあらゆる配慮をもって遇しなければならない。またあらゆる場面で、男性に付与されるのと同程度に有利な待遇によって、利益を受けるものとする。

捕虜は、捕縛時に享有していた市民としての行為能力を完全に保持する。抑留国は、その領土の内でも外でも、このような行為能力が付与する権利の行使を制限してはならない。ただし監禁するための必要性がある場合はこのかぎりではない。

第15条

捕虜を抑留する国は、捕虜の給養ならびに、その健康状態に必要な医療を、無償で提供しなければならない。

第 17 条

すべての捕虜は尋問を受けたとき、氏名と階級、生年月日、所属する軍と部隊、個人認証番号または登録番号のみを答える義務がある。番号がない場合は、これと同等の情報をもって答える。

捕虜が故意にこの規則を侵害すると、その階級や地位に応じた特権を制限される状況に、みずからを置くことになる。

紛争の各当時国は、その管轄下にあり捕虜になる可能性がある者に、氏名、階級、所属する軍、部隊、個人認証もしくは登録番号もしくはそれと同等の情報、生年月日を示した身分証明書を発給しなければならない。身分証明書の項目には、さらに所有者の署名もしくは指紋、またはその両方を追加してもよい。またそれ以外にも、紛争当事国がその軍隊に所属する者にかんして追加を望む情報をのせることができる。身分証明書は、6.5×10 センチメートルのサイズが望ましく、2 部発行する。捕虜は求めに応じて身分証明書を提示しなければならないが、その没収はいかなる場合も許されない。

種類をとわず情報を捕虜から聞きだすために、捕虜に身体的または精神的な拷問、もしくはいかなるほかの形の強制もくわえてはならない。質問に答えようとしない捕虜を、脅迫または侮辱してはならない。あるいはいかなる種類の不快または不利な待遇を与えてもならない。

身体的または精神的な状態のために、捕虜が自己の身元について話すことができないときは、医療機関に引き渡さなければならない。前項の規定で定めるところにより、抑留中の捕虜の身分は、できうるかぎりの手段を用いて確認しなければならない。捕虜に対する尋問は、その者が理解する言語で行なわれなければならない。

水責め

水責めは、捕虜を人為的に溺れさせて自白を強要するため、物議をかもしている。もっとスマートで捕虜の人権を侵害しない尋問テクニックがあり、そのほうが実際にはよい結果を出しているのだ。

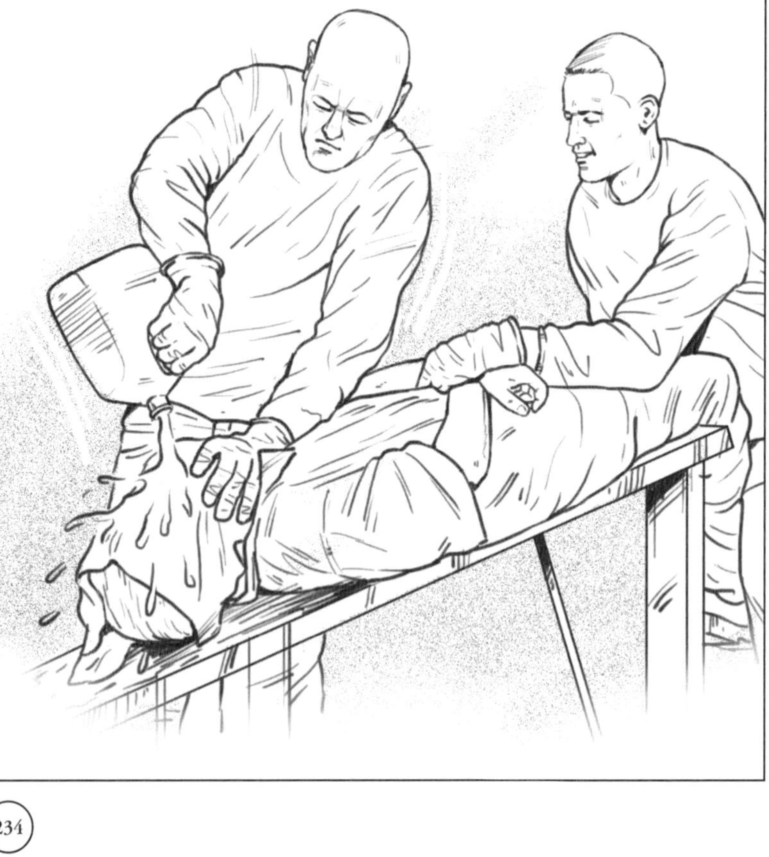

ープに協力して、共通の敵への抵抗を支えて補給品の供給を手配した。フィッツロイ・マクリーンは、北アフリカでSASとともに戦ったあと、ユーゴスラヴィアでの危険な外交任務にのぞんだ。侵攻するドイツ軍に抵抗するパルチザンの総司令官チトー元帥に会って、連合軍の支援を申し入れたのだ。

尋問

人的情報（ヒューミント）を得るもっとも基本的な方法は、拘束もしくは強制をする形で、自白を得るやり方だ。捕縛された特殊部隊やパイロットなどの軍の人員は、情報源として特別な価値がある。テロリストであると判明した者、あるいはテロ組織とかかわりのある者も同じく、尋問の対象として価値が高い。こうした理由のために、特殊部隊の兵士やパイロットが受ける通常訓練のメニューには、尋問抵抗（RTI）訓練が入っている。

捕虜の尋問中に拷問があったという話はよく聞く。米軍の尋問官は水責めをしていたとも伝えられている。またいつの時代もそれ以上に残酷な拷問が行なわれてきた。拷問台「ラック」によって手足を引っぱる拷問や、近代になると体の敏感な場所へ電気ショックを与えるといった方法もあった。だが、もっとスマートでおそらくは効果的な尋問は、捕縛者の信頼を得る、あるいは捕縛者にあまり意識させずに事実を語らせる方法だろう。

RTI訓練では、考えの甘さを自覚させることを狙いのひとつにしている。たとえば自分なら尋問者との会話の主導権をにぎって、状況を思いのままにできるという思い上がりだ。明白な自白の強要とはいえなくて拷問ほどではないにしても、抵抗する気力を失わせる、または言っていいことと悪いことの判断能力を奪うような尋問形式もある。そういった経験をさせるのである。

集団を捕まえると、尋問官はよく同じグループのほかのメンバーが認めた情報をちらつかせて、いずれにせよ必要な情報はすべて入手しているので、捕虜が今さら隠してもむだだと思わせる。有能な尋問官は、性格的な対立や階級間の反感など、グループ内でのいかにささいな人間関係のあやにも気づくだろう。

凍えるように寒い部屋に入れられたうえ、手錠や目隠しをされてぐったりしている捕虜にとっては、尋問部屋はホッとする場所だ。そこで熱い飲み物やタバコ、あるいはその両方をさし出されるかもしれない。生理的欲求をかなえられる暖かい部屋に来て、不快な場所で拘束される待遇との落差を思い知らされると、捕虜は尋問官が望む会話につい誘いこまれてしまう。

米軍のシャーウッド・F・モラン少

感覚遮断

尋問を有利に進めるために、空間や時間を感じとる感覚などあらゆる感覚を遮断して、捕虜を混乱させる方法がとられることがある。イラストの捕虜は、頭に袋、耳に防音のイヤーマフをかぶせられている。

佐は、太平洋戦争で日本兵を扱った。モランは尋問テクニックにかんする報告書の中で、尋問を成功させる尋問官はかならず「優しい」という事実を指摘した。この報告書は諜報畑の古典となっており、テロとの戦いでアメリカの尋問官が用いたいわゆる「拷問」テクニックのアンチテーゼとして、最近見なおされている。以下は、モラン報告書の抜粋だ。

米海兵隊シャーウッド・F・モラン少佐の現場の経験にもとづく日本語通訳への提言（1943年７月17日）

私が具体的に述べたいことは、ふたつの項目に分かれている。(1)捕虜に対する通訳の態度、と、(2)日本語の知識と使い方である。

まずは最初の項目、「態度」について説明しよう。これはなによりも重要だ。多くの意味で言語の知識よりも大切である…。

私は、自分の態度について簡潔に説明することができる。捕虜にはたいてい尋問の冒頭で、自分の態度について知らせてもいる。捕虜（すなわち捕らえられて武装解除され、完全に安全な場所にいる者）は、戦争のなかにはいない。戦争とは無関係なので、その意味では敵ではないと考える（捕虜が負傷しているか飢餓状態にあり、心身ともに戦える状態でないなら、なおさら敵とはみなされない）。この段落の最初のほうで、私が「安全」という言葉を使ったのに注目してほしい。それがポイントなのだ。捕虜を安全な場所に収容する。脱出の可能性がまったくない、何もかも終わりだと捕虜が観念するようなところだ。それから、「敵」がどうの「捕虜」がこうのといったことを忘れる。捕虜にはそういうことはもういい、自分は日本語で「ニンゲントシテ」人間に話をしているのだと伝える。すると相手もそれにこたえてくれる。

戦闘にはもう戻らないのだから、こと負傷や病気、疲労、眠気、飢えにかんしては、身体的精神的にわれわれの助けを必要としているただの人間であると考える。私は、ひとりの人間が別の人間を思うときの観点に立っている。これはこの稼業のむずかしい一般常識であるのだが、諜報の観点においてはそれ以上に豊富な副産物を生んだりするのだ。

日本兵は憎むべきではなく憐れむべきだと感じる。思うに（そして捕虜にもよく話すのだが）、日本兵は上層部にいいように翻弄されて、10年以上も世界で実際に起こっている出来事を知ることを許されず、しかもそうした状況に置かれているのもわかっていなかったのだ等々…。

拷問

捕虜の抵抗しようとする意志を砕くために、身体的あるいは感覚的苦痛を与える方法はすべて拷問に分類される。その形式や種類はじつにさまざまだ。

極端に大きな音を
聞かせつづける

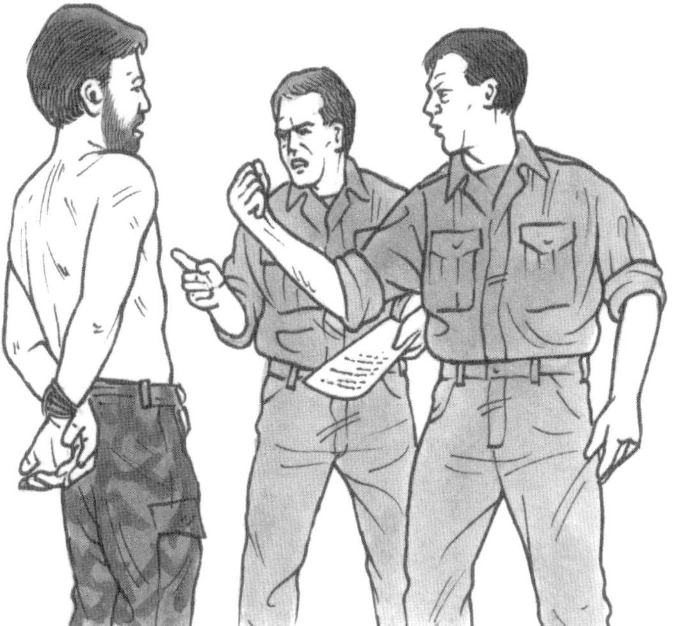

言葉による虐待

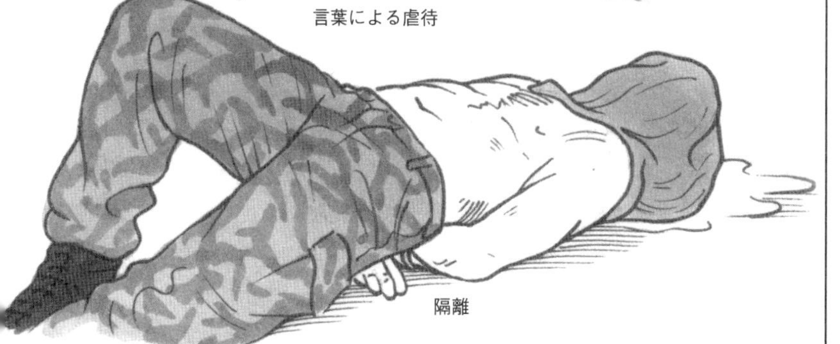

隔離

だがこうしたすべてのことにかんして、前ページで述べた「人柄」が物をいう。通訳には、ウソいつわりのない誠実さが求められる。捕虜を信用させて喋らせるために、ただそのような態度をとればいい、と言っているのではない。捕虜には、本物と偽物の違いがわかるだろう。日本（と中国）のことわざ「四海兄弟」のように、四方の海の人々はみな兄弟であると本気で思っていることを、顔の表情、眼差し、そして話し方で、わかってもらわなければならない。ある日本人捕虜は、私のことを「立派な紳士だ」と思うと言ってくれた。彼が伝えようとしていたのは、私が誠実で、公平であろうとしていて、日本人自体に恨みをもっているわけではないのを理屈抜きで理解した、ということだろう。

特殊部隊などの精鋭部隊では、尋問に抵抗するひとつの方法として、白でも黒でもない「グレー・マン」になれと教えられる。名前と階級、認識番号を教えたら、それ以外はジュネーヴ条約のとりきめに従って、捕虜は多くを語らずとらえどころのない人間でありつづける、というものだ。すると尋問官にとっては、たいして興味のわかない対象となる。そうして機嫌とりや会話にひきずりこまれるのを警戒して、尋問官が疲れはててもっと楽に落とせそうな獲物を探しはじめるまで、なんとしてもその態度を維持するのだ。

友好・協力テクニックは、サッダーム・フセイン狩りで尋問官によって使われ、結果を出した。これについては、ケーススタディ４でとりあげている。それとは対照的に、オサマ・ビン・ラディンの潜伏先につながった重要情報は、水責めなどの強制的なテクニックで集められたといわれている。だがこうした方法は危険性をはらんでいる。捕虜がますます反感をもって抵抗の意志を強めることや、失神したりあまりにも痛めつけられたりして、それ以上尋問できなくなるおそれがあるのだ。

どのような形であれ人的情報は、本書でとりあげた集中捜索の多くの例で、鍵となる重要な役割を果たしている。容疑者は取り調べで、うまくすると共犯者の名前または呼び名にかんするヒントを口にすることがある。追跡部隊は、こうした手がかりの一つひとつを追っているうちに潜伏先に接近しつづけて、最後にはビン・ラディンの密使の場合のように、主犯の隠れ家にピンポイントでたどり着くのだ。

尋問官の個人的資質——米フィールド・マニュアル FM34-52

尋問官は、人間性に関心が深く、情報源から協力を得られる性格でなければならない。こうしたことを含めた個人的資質が、生まれつきそなわっているのなら理想的だが、そうなりたいと尋問官が望み、研究と訓練に時間をついやす意志があるなら、多くの場合は自分でも身につけられる。尋問官には、次のような個人的資質が望ましい。

意欲

成功をなしとげるために、なによりも重要な要素は意欲だ。意欲がなければほかの資質も意味を失う。尋問官の意欲が強いほど、よい成果が生まれる。では尋問官は、何をよって意欲を起こすのか。いくつかの例をあげてみよう。

- 人間関係に対する興味。
- 人対人のやりとりで障壁があったら、それをのりこえたいという欲求。
- 情報収集への情熱。
- 外国の言語や文化に対する深い興味。

注意力

尋問官がつねに注意すべきなのは、情報源の態度の変化だ。それはたいてい尋問への反応となって表れる。尋問官は——

情報源の身ぶり、言葉、声の変化を逐一記録する。情報源がある気分になった、あるいは突然気分が変わった理由を探りだす。この情報源の気分と行動をもとに、尋問官は尋問を進める最適の方法を判断する。情報源が、情報を隠している兆候を少しも見逃さない。突っこんだ質問をいやがる傾向、抵抗の減少、矛盾といった、わずかな兆候にも注意をはらう。

「尋問官の個人的資質――米フィールド・マニュアル FM34-52」の続き

忍耐力と機転

尋問官は忍耐力と機転をもって、情報源とのあいだに共感できる関係をうち立てて維持し、それにより尋問を成功に近づけなければならない。情報源から適正な証言をその背後にある適正な動機から引きだすためには、機転と忍耐をもって対処するしかない。短気をあらわにすると――

抵抗を示している情報源に、もう少しだけ答えをこばんでいれば、尋問官は質問するのをやめるだろうと思わせてしまう。情報源の尋問官に対する尊敬を失わせるので、尋問の効率が悪くなる。忍耐力と機転のある尋問官は尋問をいったんうち切り、その後不安や怒りを覚えない冷静な状態になってから再開できる。

信頼性

尋問官はつねに、情報源および友軍の信頼を失わないように努める。見返りに何かをやるという約束を破ると、その後の尋問に悪影響をおよぼす。調書の正確性の重要性は、強調してもしすぎることはない。尋問調書がしばしば土台となって戦術が決定され、作戦が遂行されるからだ。

客観性

　尋問の最中に反感をもつことや気にさわることがあっても、またそうした演技をするときでも、尋問官は客観性と冷静さを保たなければならない。客観性が欠けると、引きだされた情報が無意識にゆがめられるおそれがある。そうなるとまた、尋問テクニックを臨機応変に変えることができなくなるだろう。

自制心

　尋問官はなみはずれた自制心をもって、怒りやいらだち、同情、倦怠感をあらわにしてはならない。そうしなければ、尋問中の優位性を失うことにもなりかねない。尋問テクニックを使うときに自制心がとくに重要なのは、尋問の場では感情や態度の演技が必要だからだ。

順応性

　尋問官は、尋問で出会う多様な性格に順応しなければならない。自分を相手の立場に置いて想像してみるとよい。順応性があると尋問している環境に応じて、尋問のテクニックや攻略方法を自然に転換できる。多くの場合、尋問は身体的に不快な状況で行なうことになる。

ケーススタディ５

アブー・ムサブ・アルザルカーウィの捜索

アブー・ムサブ・アルザルカーウィは、イラクのアルカイダ戦闘員のなかで、もっとも凶悪で悪質な人間とみられていた。生まれは1966年のヨルダンで、学校にはろくに通わずにすぐに札つきのワルになった。アルカイダの組織に正式加入したきっかけは、1989年のアフガニスタン訪問だといわれる。アルザルカーウィはこの国で、民兵の訓練キャンプを運営していた。ヨルダンで９年の刑期をつとめたあとは、米軍と連合軍、国連、一般市民を標的に次々と攻撃をしかけて、世を騒がせ震撼させた。その残虐性は、自爆テロや捕虜の処刑動画の配信にまでおよんだ。捕虜の斬首には、アルザルカーウィ自身が手をくだした例もある。米政府は、アルザルカーウィの首に2500万ドルの賞金をかけた。ひとりの犯罪者としても、網の目のようなテロ組織のリーダーとしても、この男が生存しているテロリストの中で、オサマ・ビン・ラディンに次ぐ危険人物であるのはまちがいなかった。

統合特殊作戦コマンド（JSOC）は、米軍のさまざまな特殊部隊の相互運用を、最大限に高めることを目的に創設された。

タスクフォース145

イラクの連合軍の観点、つまり実質的に米英軍の観点からすると、アルザルカーウィの捜索は、アルカイダ幹部狩りの優先順位のトップにあった。そのため、最高レベルの情報部員と特殊部隊の隊員で編制されたグループ、タスクフォース（TF）145が、この任務にあてられた。

TF145は、ほとんどの場合は慎重な計

画にもとづいて任務を遂行していたが、必要とあらば瞬時に反撃して、問答無用の強硬手段に出ることもできた。出身部隊の顔ぶれは、錚々《そうそう》たるものだ。米軍情報部から参加の情報支援活動部隊（ISA）とCIA特殊活動部隊（SAD）、イギリス情報部、米軍の第１特殊作戦部隊分遣隊Ｄ（デルタ）、海軍シールチーム６（特殊戦開発グループ＝DEVGRU）、第75レンジャー連隊、第160特殊作戦航空連隊、イギリス軍の第22特殊空挺連隊（SAS）、特殊舟艇部隊（SBS）、特殊偵察連隊、特殊部隊支援グループ（SFSG）である。TF145は米統合特殊作戦コマンド（JSOC）の傘下にあり、TF145はさらにTFセンターとTFウェスト、TFノースに分かれていた。TFブラックは、米英混合だった。

アルザルカーウィの居場所をつきとめるまでは時間がかかったが、TFブラックはその間この部隊だけで、バグダードの街で3500人以上のテロリストを逮捕または抹殺する功績をあげた。特殊部隊とその情報支援チームのいささかもおとろえない勢いが、部分的にもそうした成功を導いたのだろう。この情報チームは「まばたきしない目」と呼ばれていた。

尋問テクニック

一方舞台裏では尋問官《インテロゲーター》（米軍では「ゲーター」とも呼ばれる）が、多くの容疑者を入念に取り調べていた。そうしてささいな手がかりを見逃さずに、プールした情報の関連性をつかむうちに、たまに重要な進展をみることもあった。

TF145は、従来の荒っぽい尋問では頭打ちになるのを理解していた。それどころか、逆戻りになる可能性もあった。そうした傾向は、マシュー・アレクザンダー［*How to Break a Terrorist* の著者。この名前はペンネーム］の到着とともにさらにおし進められた。彼はこれまでの歴史を通して、もっとも洗練されたテクニックを使って大きな成果をあげた尋問官である。

2006年３月、マシュー・アレクザンダーは、尋問官チームとともにバグダードに降りたった。到着直後のブリーフィングで新任の尋問官は、アルザルカーウィがスンニ派とシーア派を衝突させて、内乱を勃発させようとしていることを知った。そのためアルザルカーウィは、オサマ・ビン・ラディンをも抜いて、指名手配者リストのトップにおし上げられていた。アレクザンダーと尋問官チームは、アルカイダの捕虜に対しあの手この手の策を講じはじめた。愛する家族の許へ帰りたいという思いを利用して、白状をうながしたりもした。たて続けの質問攻撃というのもあった。短く核心をつく質問を、ものすごい速さで浴びせると、拘留者はまともにものを考えられなくなる。矢のような質問が延々と続くと、拘留者は「自分のウソに足をすくわれ」て、答えに矛盾が生じてくる。そうしたらすかさずそれをひろいあげて、相手に投げつけてやるのだ。まもなく尋問から、複数のアジトの所在が明らかになった。そこでは、自爆テロの志望者が本番を前に待機していた。

アラブの文化では、家族ほど大切にされているものはない。家族の絆は西洋より強いほどだ。だから家族を裏切ろうとするイラク人はいないだろう。アレクザンダーは、このことをアブー・ガマールという捕虜に利用した。ガマールが家族の顔を見られるよう、助けてやりたいと伝えたのだ。そして誰が家族を支えているのかたずねて、家族に対する当然の心配につけこんだ。

次のゆさぶりで、ガマールは実質的にほかの捕虜たちと競合していると伝えられた。その捕虜たちは別の場所で同時に尋問を受けていると。そうなると、ウソでごまかすのをやめて、さっさと求められる情報を提供せざるをえなくなる。さもなければ、ガマールは負けて特典をもらいそこなう。このようなだましの手管に交えて、厳しい事実も通告された。たとえばガマールは、自爆テロの共犯者は絞首刑になるのだとおどされた。

翌日には、情に訴えるテクニックに戻った。このときアレクザンダーは、ガマールの弱点をつく方針で、ガマールの妻の顔を思い起こさせた。女子どもの命を奪う自爆テロのたくらみに、夫がくわわっていると知ったら、そのほほえみが消えてしまうのだ、と言いながら。あいにくこの方法は思ったような効果をあげなかった。ガマールには妻がふたりいて、どちらを思い浮かべていいか迷ってしまったからだ。それでもアレクザンダーは、ふたりの妻がいることを別の形で自白をうながす材料にした。ガマールの妻はどちらも、金のかかる女であるのが判明した。服や宝石類に目がないのだ。ガマールがアルカイダにくわわった理由というのが、金めあてだったのも明らかになった。ならば経済的援助を申し入れれば、話したい気になるだろう。

次の取り調べで、アレクザンダーはデスクの上に1万ドルを置いた。ガサ入れのときに押収した金だ。さらに本物らしく見える離婚の請願書を見せながら、余計に金がかかるほうの妻と縁を切ったらどうかと提案した。するとガマールは堰《せき》を切ったように、アルカイダでの仕事の詳細を語りはじめた。ガマールは爆弾作りを担当していた。尋問が進むにつれて、尋問官は捜索の第1の目標、アルザルカーウィに確実に近づいている感触をつかんでいた。

忍耐強く巧みな尋問が実を結んで、アルザルカーウィが潜伏していた隠れ家がピンポイントでつきとめられた。

アルザルカーウィの抹殺

尋問の鍵をにぎり、アルザルカーウィにつながる手がかりをもっていそうなのは、捕虜の「５人組」だった。このグループのリーダーは、アブー・ラジャといった。５人組からアルザルカーウィ本人につながる足がかりを、どうにかして築く必要があった。

アラブの文化では家族が大事にされているが、権威も重んじられている。権威ある人物を崇めて敬意をもって遇する態度は、生まれ落ちたときから身についている。ある取り調べでは女性の尋問官が、捕虜との特別な取引ができるかどうか「ボス」に聞いてみる、と話した。「ボス」役をつとめたのはアレクザンダーだ。にせの調書をはさんだクリップボードとペンをもってせかせかと登場し、気むずかしそうな顔でいかにも偉そうな雰囲気をかもしだした。捕虜はすっかり恐れ入って、アレクザンダーには違った態度を示した。アレクザンダーはその捕虜に、指示を出している人間の名を明かしさえすれば、罪を軽くしてやれると告げた。捕虜はその言葉で陥落した。そこで出た名前がアブー・ラジャだった。ラジャはすでに身柄を拘束されていた。

どのような形であれ手がかりがあれば、TF145の特殊部隊チームがその場所にヘリで急行した。座席は両側のスキッド（降着脚）に搭載されたベンチ（外部輸送構造）だ。突入チームは建物になだれこむと同時に、ほんの一瞬でトリガーを引くか引かないかを判断する。善良な市民しかいない場合もあるが、自爆テロ犯にばったり出くわすこともあった。DVDのような有力な証拠が見つかるケースもあった。

５人組のひとり、アブー・ハイダルは、イギリス風の英語を流暢に話す非常に知的な男で、カメラマンにすぎないと訴えていた。そのハイダルがアブー・ラジャとの尋問中のひょんな話の展開で、アルカイダの幹部に近い人物ではないかと疑われた。アレクザンダーは、アブー・ハイダルの尋問であらゆるテクニックを駆使した。するとイスラムの宗教と文化にひたすら敬意を表したのが功を奏して、ハイダルが心を開き、ついには重

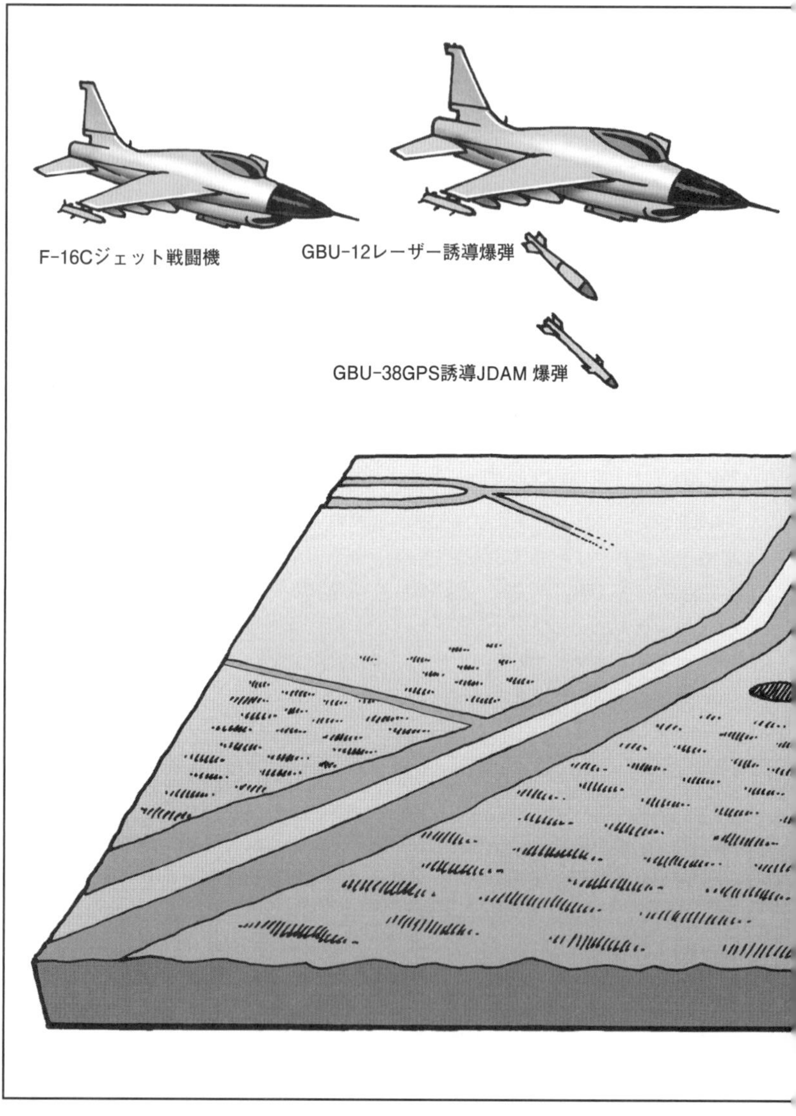
F-16Cジェット戦闘機
GBU-12レーザー誘導爆弾
GBU-38GPS誘導JDAM 爆弾

目標への攻撃

特殊部隊によってアルザルカーウィの居場所が確認されると、米空軍のF-16戦闘機２機が、誘導爆弾で隠れ家を爆撃した。

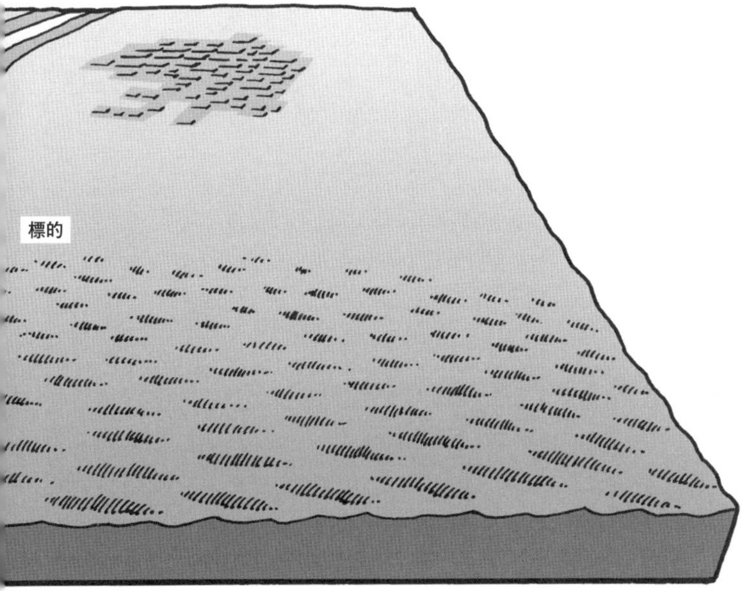

タイムライン

1966年10月30日　アブー・ムサブ・アルザルカーウィが、ヨルダンのザルカで生まれる。

1999年　アルザルカーウィが計画した、アンマンのラディソンSASホテルの爆破テロが、未遂に終わる。

2002年　ヨルダンでアメリカの外交官が、アルザルカーウィのグループにより殺害される。

2003年　モロッコのカサブランカで、アルザルカーウィを黒幕とする、同時爆弾テロ事件が発生する。

2003年8月19日　アルザルカーウィの指示で、イラクの国連現地本部が置かれていたカナル・ホテルで自爆テロが実行される。国連事務総長イラク特使だったセルジオ・ヴィエイラ・デメロを含む22人が犠牲になった。

2004年　アルザルカーウィがアルカイダにくわわる。

2005年9月　アルザルカーウィがイラクでシーア派に対し、全面戦争を宣言。

2006年6月7日　米空軍F-16C戦闘機が投下した爆弾で、アルザルカーウィが殺害される。その宗教的な助言者シェイク・アブド・アルラフマーンも同時に死亡。

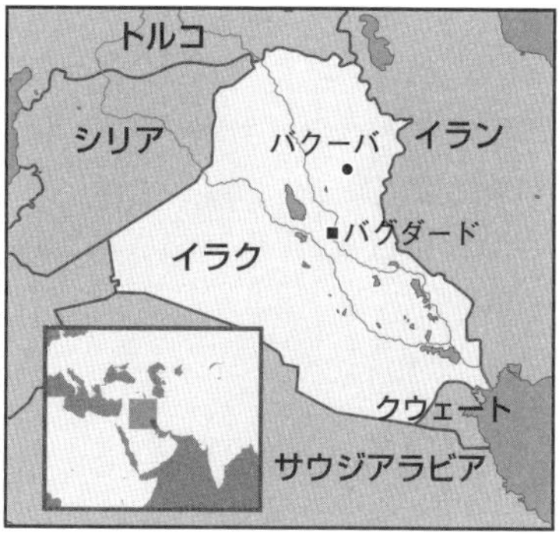

アルザルカーウィの隠れ家は、バグダード近郊の県にあったので、テロ活動を近距離から指揮することができた。

要幹部、アブー・アユブ・アルマスリの名を明かした。これでようやく足がかりが得られた。アルザルカーウィに手がとどくまで、あと一歩まで迫ったのだ。アレクザンダーはアブー・ハイダルを相手にさらにふみこんだ尋問を続けた。このときは、イラク人の陰謀好きな国民性を意識した。彼はひと芝居うって、アメリカは今までの誤りを正して、アルカイダに多いスンニ派と組むつもりだ、と打ちあけた。アブー・ハイダルのようなインテリは、もっともらしくて成功の見こみのある陰謀にのりやすい。案の定その計画にくわわりたい一心で、アブー・ハイダルはついに決定的な手がかりをもらした。シェイク・アブー・アブド・アルラフマーンが、アルザルカーウィの宗教的な助言者であり、この人物こそがアルザルカーウィの居場所に導く鍵となる、と。アブー・ハイダルによれば、アルラフマーンが車を停めて別の車に乗り換えたら、それがアルザルカーウィに会いにいくときなのだ。

その情報が入ると、TF145 はただちにアルラフマーンに監視を集中させ、その行動をタカのように鋭い目で見守った。車が発進すると電子的な追跡が開始され、特殊部隊の兵士が出撃準備態勢に入った［地上部隊の攻撃も検討されたが、何度もアルザルカーウィをとり逃がしたために、最終局面での出撃はキャンセルされた］。やがてブルーの車が辺鄙《へんぴ》な場所にある一軒家に到着し、車から乗客が降りた。するとその上空に、突如として米空軍の F-16C ジェット戦闘機が２機現れ、先導機がその家をめがけて 230 キロの誘導爆弾を２個、GBU-12 レーザー誘導爆弾を１個、GBU-38GPS 誘導 JDAM 爆弾を１個投下した。この空爆で、アルザルカーウィと家族が死亡した。もうひとつのアルカイダ狩りが完了したのだ。

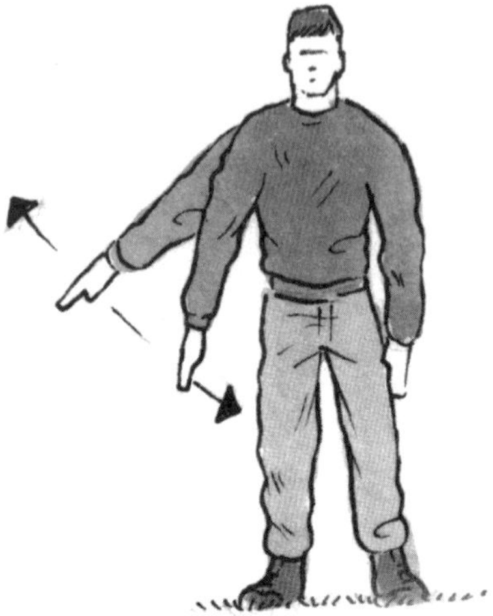

第５章

マンハントが成功すれば、必然的に接近の最終段階に入り、やがては標的と接触することになる。

接触！

軍による地上の集中捜索がいよいよ最終局面を迎えれば、追跡チームとその支援チームが敵に迫ることになる。本章では、市街地または野外の環境、あるいは伝統的な追跡テクニックまたはハイテク機器の使用といったさまざまな条件で、追跡者が敵をとり押さえる方法を見ていく。

予測しながら標的を追う

標的が追跡者と同じ人間なら、そのことが追跡する側にとってはまちがいなくメリットになる。標的がやみくもに逃げようとしているときは、それとはっきりわかる行動をとるか、一番の近道を選ぼうとする。同様に標的が追手の存在に気づいていないなら、単純なルートをとるので、追跡者はただ、その状況で自分ならどちらに進むか考えるだけでよい。道に障害物があるときなど、迷う余地のない場合もある。

標的が追われているのを知っていて追跡者もそれを承知しているなら、少し頭をひねって、標的が人目を避けて行なったことや痕跡を隠しながらとったルートを探さなければならないだろう。追跡の達人は、標的が追手を巻こうとしたポイントを直感的にかぎつけ

標的に最終接近をはかるときは、姿を見られず物音をたてないように、最大限の注意をはらう。標的を攻撃して捕えるために、犬が投入されることもある。

接近ルートの計画

標的に接近する際は、遮蔽物を最大限に利用できるルートを慎重に計画する。兵士なら周辺のスケッチをして、すべての拠点にかならず遮蔽物があるルートを考えるだろう。

て、そのときに標的がとった可能性のあるあらゆる選択肢を慎重に検討する。追手をふりきろうとしてよくやる偽装のテクニックに、「訓練」の章で説明した、自分の足跡を後戻りする方法がある。

痕跡がとだえたときに再発見にかける時間的ロスを最小限にする目的で、特殊部隊は決まった手順を訓練で教えられる。兵士のグループが痕跡を追っているなら、問題の区画に誘いこまれて待ち伏せ攻撃にあうのを警戒して、引きかえして防御陣地を築くはずだ。

その後らせん状に進みながら捜索して、問題の領域に標的が入った個所と出た個所を見つける。この時点で追跡兵は、たいていその周辺をスケッチして、標的が出入りした個所と、それ以外に発見した痕跡を書き入れている。

追跡犬

犬が追跡に利用されはじめたのは、何百年も前の昔である。比較的最近では第２次世界大戦中に、ドイツ軍が墜落または空挺降下で敵地に降りた連合軍の航空兵などを、犬を使って捜索していた。ドイツは軍事利用していたジャーマン・シェパードに、追跡と攻撃の訓練をしていた。

イギリス軍はドイツ軍にならい、王立陸軍獣医軍団において、犬に追跡だけでなくそれ以外の目的にも使える訓練をしていた。追跡には、ラブラドル・レトリーヴァーなどの犬種が好んで使われ、攻撃よりも追跡が重視された。

小細工をすれば犬をまどわせて追跡をふりきれる、という俗説がある。とくによく聞くのが、コショウのような刺激の強い匂いを嗅がせると、とたんに犬の嗅覚が働かなくなるという理屈だ。ところが実際は、犬はコショウの微粉を鼻息で飛ばすので、嗅覚はむしろその前よりも鋭くなるのだ。

次によく知られているトリックは、河川を横切る方法だ。たしかに水に入ればそこで臭跡はとぎれるだろう。水で臭跡が消えるところまではそれでよいのだが、逃亡者はよほどのことがないかぎり、向こう岸のどこかで川を出なくてはならない。犬は土手を走りまわるうちに、その場所を見つけてしまうだろう。さらに人が川を這いあがった跡が目に見える形で残っていれば、犬のハンドラーも確認できる。

犬にはころあいを見て、逃亡者と関連のある臭いを嗅がせて、臭いを補強し捜索の方向をつかみやすくする。与えるのは、逃亡者が扱ったものや身につけたものならなんでもよい。逃亡者自身の体臭は地面や空気中に残存している。またそれ以外にも犬は、踏みにじられたり折られたりした植物の匂い

追跡犬

犬を使えば、地面や空気中の臭いから標的を追跡できる。また攻撃させることも可能だ。犬は追跡の強力な武器となる。イラストは、追跡犬にもっとも多い犬種。

ラブラドル・レトリーヴァー

ドーベルマン・ピンシェル
ジャーマン・シェパード

服務規程——ロジャーズ・レンジャーズ（1736年）

- どの規定もおろそかにしてはならない。
- マスケット銃を笛のように大事に手入れして、戦斧を磨き、60発の弾薬を用意しておき、合図から1分で出発できるようにする。
- 行軍中は、シカにしのびよるときのように行動する。まずは敵のようすを観察する。
- 目にしたことと敵の行動について、ありのままを報告する。正確な情報を欲しがっている軍が、われわれを頼りにしている。ほかの者にはレンジャーズについて、好きなだけウソをついてもかまわない。だがレンジャーズの隊員や士官には、絶対にウソをついてはならない。
- 必要もないのに、いちかばちかの賭けをしてはならない。
- 進軍中は一列縦隊の隊形をとり、1発の銃弾で同時にふたりがやられないよう互いの間隔をあける。
- 沼や柔らかい地面があったら、横一列に広がって追跡を困難にする。
- 進軍は暗くなるまで続ける。これは、敵がわれわれを攻撃できるチャンスを最小限にするためである。
- 野営をするときは、半数が起きて残りの半数が睡眠をとる。
- 捕虜をとったら、捕虜同士の口裏合わせを防止するために、取り調べの時間ができるまでそれぞれを離しておく。

を手がかりに、逃亡者を追うことができる。植物のあいだをぬう、匂いの道が見えているのだ。刈ったばかりの草の青臭い匂いは、人間でも嗅ぎわけられる。それと比べものにならないくらい強力な犬の嗅覚なら、あちこちで踏みつぶされた植物の微細な匂いをひろうことぐらい朝飯前だろう。

ただし犬にも限界がある。どんな状況でも奇跡を起こせると思うのはまちがいだ。疲れがひどくなると、匂いの追跡が散漫になりがちだ。そういうときは休息をとらせるか、別の犬と交替させるしかない。戦闘シーンでの犬は、

- 帰りの行軍で毎回同じルートを通ってはならない。ルートを変えていれば、待ち伏せされることはない。
- 部隊規模の大小にかかわらず、かならず斥候を部隊の前方 20 ヤード（約 18 メートル）にひとり、左右 20 ヤードにひとりずつ、後方 20 ヤードにひとり配置する。これで本隊が不意打ちをくらって全滅するのを予防する。
- 規模にまさる兵力に囲まれたときに集合する場所が、毎晩指示される。
- 歩哨を立てずに、座って食べてはならない。
- 朝日が昇る前にかならず起床する。夜明けには、よくフランス軍と先住民の襲撃がある。
- 川を渡るときは、通常のように浅瀬を選んではならない。
- 追手がいるときは、１周して自分の足跡に戻り、待ち伏せをかけようとする敵を逆に待ち伏せる。
- 敵が向かってきたら、立ちあがってはならない。むしろ膝をつく。木の陰に隠れる。
- あわや接触というところまで、敵の接近を許す。それから敵に１発くらわせて木陰から飛びだし、戦斧でとどめを刺す。

ほとんど使い物にならない。轟音が鳴り響くなか、敵味方を区別するのがむずかしくなるからだ。だからパトロール隊が犬連れで移動する際は、犬がパトロール隊を標的とまちがうような状況を作ってはならない。犬も条件が変われば、追跡能力が変化する。逃亡者はそれを逆手にとることができるだろう。

犬にとって、追跡するときの好条件は次のとおり。

- 気温と地面の温度がほぼ同じであること。
- 暑くも寒くもなく、日差しもあま

犬の回避

川を渡るのは、犬を回避するのに有効な手段だとよく考えられている。だが、犬は水から上がった場所でたいていまた臭いを嗅ぎつける。

臭いの追跡

犬に標的が身につけていた物の臭いを嗅がせると、市街地でも野外でも、犬は空中と地面に残された同じ臭いを追うことができる。そのため犬は、恐るべき敵となる。

犬の能力

犬の追跡能力の持続時間については、諸説がある。追跡時の犬の鋭敏な感覚機能以外にも、獲物を追うのに必要な運動能力も関係してくるからだ。

- 犬のスピード

　犬が走れる最高スピードは時速65キロ弱だが、この速さを維持できる距離はわりと短く、100メートル程度だ。長距離での平均的な速さは、時速16キロ程度になる。とはいえ当然、2本足のハンドラーはその速さについて行けない。

- 犬の視覚

　犬はとくに驚異的な視力があるのでもなければ、人間以上に見えるのでもない。動体視力はすぐれているが、それ以外は色は白黒しか見分けられず、とくに夜目がきくわけでもない。

- 犬の聴覚

　犬の聴覚は非常に鋭く、人間の約40倍よく聞こえる。大きな耳をたててかすかな物音をとらえると同時に、音のする方向を正確に探知できる。そのため標的が気づかれずにいるのは、なおさら困難になる。内耳をふさいで、気を散らす音をシャットアウトすることもできる。

- 犬の嗅覚

　犬はとびきり素晴らしい嗅覚をもっている。人間と比べると、犬の嗅覚はすくなくとも900倍鋭い。そのことを考えると当然ながら、逃亡者が犬を回避する方法を考えつくのは不可能に近い。というのもたいていの人間は、そばにいる人の体臭や体臭抑制剤《デオドラント》、さまざまな化学物質といった、わかりやすい臭いしか感じとれないからだ。人間として並の嗅覚しかもたない者には、犬が顕微鏡レベルの臭気をきちんと判別できるとは、思いもよらないだろう。体から落ちた皮膚や微量な髪の毛といったものが、地面にあろうと空中に漂っていようと、犬は臭いを嗅ぎわけることができるのだ。

犬の追跡

よく訓練された犬とハンドラーのチームは、捜索隊を短時間で標的まで導けるが、それに対抗して時間かせぎをする方法はある。

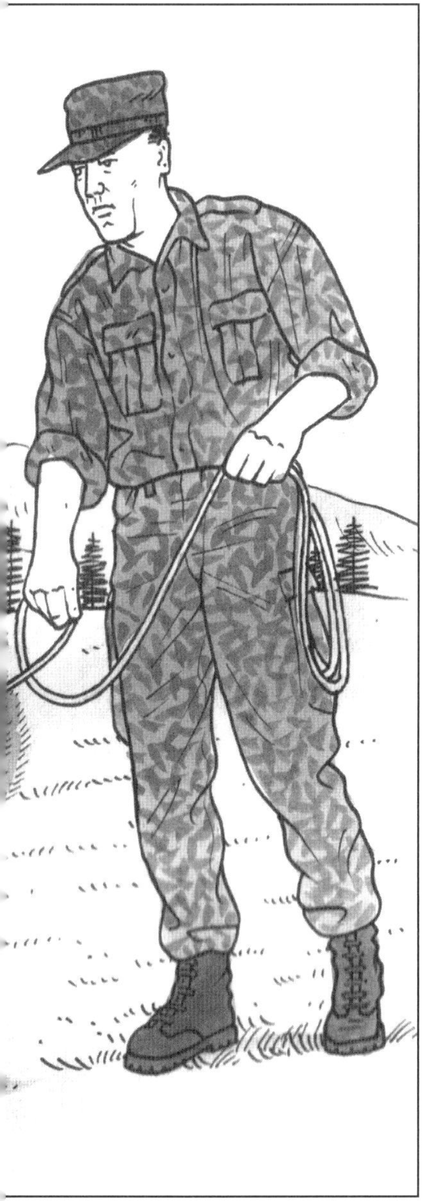

り強くなく、蒸発がゆっくり進むこと。

- 木などの植物が作る影があること。
- 血痕、髪の毛、服のきれ端など、標的が残した確認しやすい痕跡があること。
- 走る逃亡者が、激しい運動のために体臭をふんだんにふりまいていること。
- 逃亡者がたいてい不潔で悪臭を放っていること。
- 逃亡者が植物をおおきく乱すスピードで移動していること。

しかしながら犬は、次のような条件が苦手で、追跡不能になることすらあるだろう。

- 灼熱の太陽。
- 強風。
- 激しい雨。
- 車の往来が多い道。
- 流れのある水（ただし、逃亡者が川から這いあがった場所で、犬は臭跡を再発見できることを忘れてはならない)。
- 火。
- 動物の臭いが混じっていること。だがたとえば、逃亡者が家畜にまぎれて臭いを隠そうとしても、優秀な追跡犬はその周辺をまわれば、逃亡者の臭いをふたたびひろうことができる。

犬の回避

追跡犬がもっとも能力を発揮するのは、単一のとぎれない臭跡を追っているときだ。障害物の周囲をまわる、水場を横切るなどの手立てを講じれば、犬も見当違いな方向に出たり、臭跡を完全に見失ったりする可能性がある。

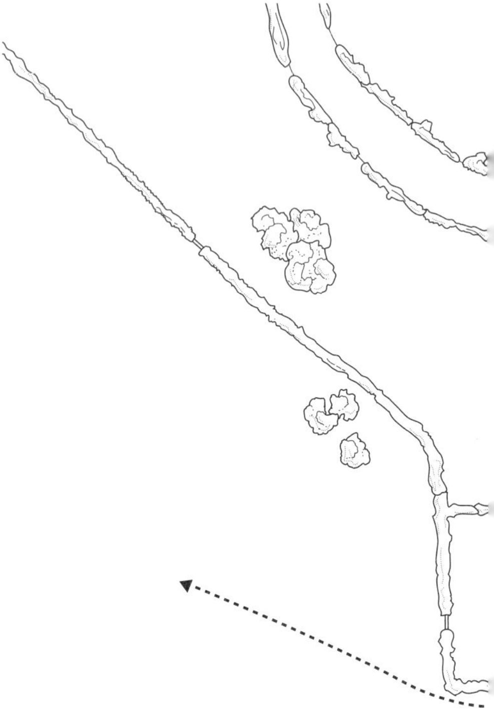

臭跡を最大限に活用して、標的に追いつく可能性を高めるためにも、犬はできるだけ早く現場につれていく必要がある。犬が違う臭いと混同しないように、逃亡者に関連のあるものはすべて手をつけずに残しておく。

犬の回避

よく訓練されている犬から臭跡を完全に断つのはむずかしいが、逃亡者は次のような工夫をすれば、犬とハンドラーのスピードを鈍らせることができる。

- 引きかえして植物の周囲をまわるなど、イレギュラーな進み方をす

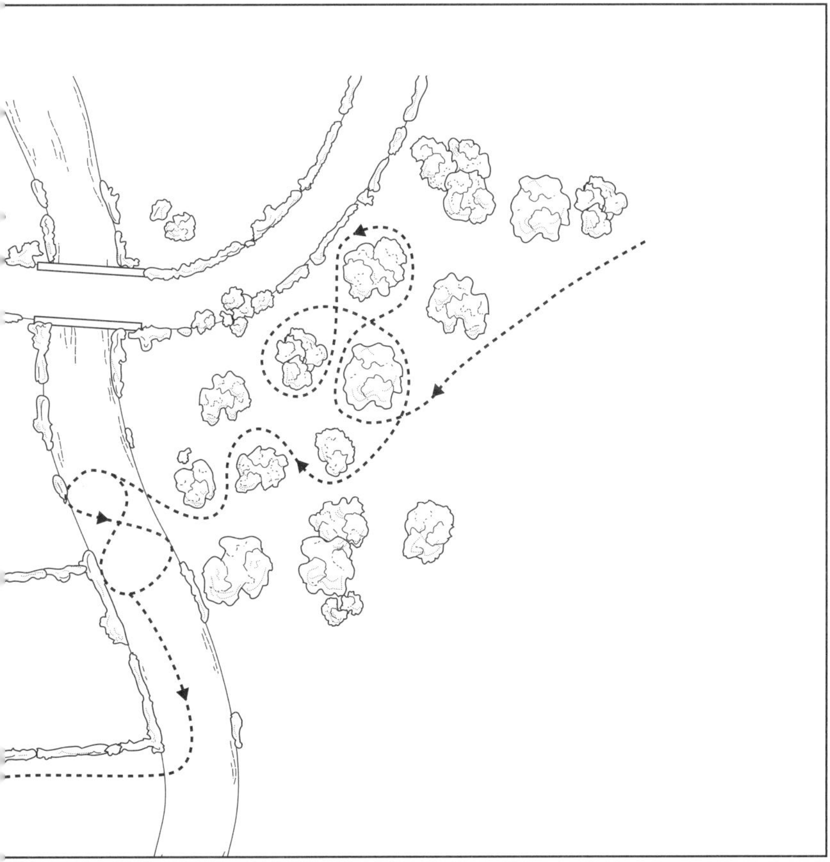

る。こうすれば混乱をまねき、ハンドラーと犬をつなぐリードをからまらせることも可能だ。

- 風の吹く方向に進む。そうすれば体臭が前に吹きとばされて追手にとどかない。
- 犬とハンドラーがのりこえるのに苦戦しそうな障害物を越える。フェンスをよじ登るのもよい。
- 方向転換がわかりにくい場所で、唐突に向きを変える。
- 水の障害物を適切な場所で利用する。ただし、そのあとに濡れた服で走りづらくなることをつねに頭に置いておく。水から上がるときできるだけ痕跡を残さないためにも、固い足場を探すことが重要だ。

- 調達が可能なら、固い地面を自転車で走るか、馬やロバのような動物に乗る。
- 人が集まっているところにまぎれるか、人が通った場所を通過する。

最終接近

標的の居場所が判明したあとは、標的に追跡チームの存在を絶対に気づかれないように、姿を隠しながら接近する。

野外では背景とカムフラージュをたくみに利用して、隠密行動をとりながら最終接近を果たす。移動は慎重にむだな動きを抑えて、忍耐強く行なう。狙撃の場合もそうだが、わずかな距離だけ移動するのにも、かなりの時間を要するだろう。隠密行動をとりながら移動するためには、相当な体力を必要とする。なぜなら、ゆっくりとした動作で体をしっかり支えるための筋力が必要なうえに、不自然でしばしば苦しい姿勢を強いられるからだ。

標的が目をこらして警戒しているかもしれないため、よほどの理由がなければ正面から近づくのは避けたい。迂回して側面から接近するのがよいだろう。追跡者はつねに先を見越して、数少ない遮蔽物でもいちばんましなものをめざす。と同時に周囲の植物をざわつかせたり、動かしたりしないように細心の注意をはらう。細長い草や枝を動かしたら、歩いている標的には人か何かがいる、という警告を送ることになり、警戒を強めさせてしまう。

追いつめられたビン・ラディン

集められたどの情報も、この屋敷にかなりの重要人物が住んでいることを示していた。だがそれは誰なのか？

追跡者は移動するたびに、標的がいるであろう場所と、そこから視界がきく範囲がどこまでかを意識する。またつねに、標的が思った以上に近くにいる可能性も頭に置いておかなければならない。

歩くときも這うときも、乾燥した枝や葉などで音をたてて注意を引き、自分の居場所をバラさないよう気をつける。泥も油断できない。足をもちあげるときにゴボッという音が出たりするからだ。

ジャングルで先導する斥候と兵士のためのSAS規定（抜粋）

ジャングルで先導する斥候と兵士

- 自分が進んだ経路の「案内標識」を立てない。

- つねに身を隠しながら行動し、視認距離に達していない敵にも居場所がわかるような速さで移動してはならない。

- 深い下生えがあったら、できるかぎり迂回する。迂回が不可能なら、下生えの下に潜って進むかまたぐ。荷物や体を枝やつるに引っかけて、傷つけないよう注意。また音をたてたり、木のてっぺんをゆらしたりしないようにする。

- しっかり固定されていない装備のたてる音や不必要にささやく声、咳、枝の折れる音は、あらゆる方向に拡散して伝わるのを忘れてはならない。

- 自分の「痕跡」を残すクセをつねに意識する。地表痕跡《グラウンド・サイン》、上方痕跡《トップ・サイン》、小枝を折る傾向等。必要とあらば、最後尾の後衛とうちあわせておいて、痕跡をはらったり偽装をほどこしたりしてもらう。つねに欺瞞戦術を使おうとする。

- パトロールに出るときや戻るときは、かならず違うルートをとり、時間帯も変える。待ち伏せ攻撃を望むなら別だ。

- 先導する斥候としてはもちろん、パトロール隊を敵が待ち伏せするキリング・ゾーンに導くようなことは絶対にあってはならない。「聴音休止」をうまく利用する。あらゆる感覚を研ぎすませて気配をうかがい、前方が少しでも怪しいと思ったらパトロール隊を停止させて、「聴音休止」を実施するか、援護要員とともに前進して確認する。植物や下生えをただ見るのではなく、その奥の二重三重になっている層まで見通す。

「ジャングルで先導する斥候と兵士のためのSAS規定（抜粋）」の続き

- 作戦域の昆虫、動物、鳥類、あらゆる形態の植物の生態、外見、匂いを観察して馴れ親しむ。そこで人の存在を示す痕跡に油断なく気を配る。

- 不審な光景、物音、臭気に遭遇したら、かならず野生動物にならい、その場でぴくりともせずに静止する。敵が現れて前方を横切ったら、見られていない可能性が高い。敵が自分に向かって歩いてくる気配がしたら、ゆっくり音をたてないように片膝をつくと同時に、銃床を肩につけて近づく音に照準を合わせる。あるいは緊急対応訓練の手順を実行する。

- 銃を発射する前に、かならず標的を確認する。

- 野営地は、夜間の不意打ちが不可能な場所にする。垂直に近い崖の上でハンモックを吊るか、生い茂って音をたてやすい植物の中央にもぐりこむ。照明、音、料理はなし。使わなかった装備はすべてベルゲンにしまう。

中腰でのストーキング（静粛歩行）

標的の居場所またはいると思われる場所にいよいよ近づいたら、追跡者は直立した状態から中腰になって移動してもよい。直立あるいは中腰のストーキングである。中腰になるときは、体を前傾させて頭を低くし、両手を膝にのせる。そして膝を軽く曲げ、一歩一歩確実に足を地面から離す。

地面に足をつくときは、まずは足の外側の端から接地し、さらに小指のつけ根から親指のつけ根に向かって慎重に体重を移動し、最後にかかとを下す。その間つねに音をたてそうな小枝や葉に注意をはらう。

中腰で歩くのは結構むずかしいので、現場で試す前にできるだけ練習しておくとよいだろう。

- さらにまた情報収集のためのパトロールに出るときは、敵との接触を極力避ける。敵にとって安全な領域に潜入すればするほど、敵は警戒をゆるめているので、その動きや行動を観察して情報を集めるのが容易になる。敵地に潜入していることを示す足跡や痕跡を残さない。既成の道は通らず迂回する。

現代の兵士の格言
パトロールに出たら
スイッチを入れろ
スイッチを入れたままにしろ。
覚えておけ
かならず誰かがお前のスイッチを
切ろうと待ちかまえている。
永遠に！

高姿勢匍匐《ほふく》

さらに標的に接近したら、頭を下げて確実に姿を見られないようにする。ただしそうするかしないかは、追跡者と標的のあいだにある遮蔽物のタイプによる。

このネコのような進み方では、頭をいちばん高くして、それ以外の体の部分はできるだけ低くしている。そして移動するときは、中腰で歩くときと同じ原則を守る。慎重を期して、小枝や葉など音をたてそうなものを探りながら進むのだ。

ネコは獲物を狙ってしのびよるときに、後ろ足を前足をついたのと同じ場所に置く。こうした移動の利点は、前足で探って固められた場所に後ろ足をつけることと、音をたてそうなものの

ストーキング（静粛歩行）

標的の間近に迫ったら、頭と体をできるかぎり低くする姿勢をとる。まずは、中腰でストーキングし、それから高姿勢匍匐、低姿勢匍匐へと移る。

高姿勢匍匐

低姿勢匍匐

中腰でのストーキング

上にのる可能性が半減することにある。人間がこの進み方をマスターするのは案外むずかしい。手をついた場所に膝をつかなくてはならないところに、足をひきずるのは禁物だからだ。それでもこうした移動法の例にもれず、練習すればそれだけ楽に進めるようになるだろう。体が慣れれば、動きもスムーズになるということだ。

低姿勢匍匐

いよいよ標的の間近に迫ると、姿を見られる危険性があるが、低姿勢匍匐で移動すれば地面に完全に伏したままで位置を変えられる。この姿勢になるためには、体の前方部分を前に押しだして下す。同時に腹部を地面につけるときに音をたてないように注意する。

低姿勢匍匐の動作は難易度が高い。日常ではないような筋肉への負荷のかけ方をするからだ。まずは前腕に体重をかけ、次に膝から下の足の部分に力をこめて、少し前進できるだけ体をもちあげる。現実的には、このような前進方法で進める距離とかけられる時間を、はかりにかけなければならない。ほんのわずかな移動にも長時間を要するからだ。

静止

子どもの遊びには、隠密行動のテクニックが自然にとりいれられているものが多い。だるまさんがころんだ［イギリスではGrandmother's footsteps］は、鬼がふり向いたら、それまで近づいていた者はそこでぴたりと止まって、身動きしないというゲームだ。このように静止できれば、標的に接近するときに役に立つ。動けば注意を引くし、移動をしているときに標的が追跡者の方向を見ることもありえるからだ。

くどいようだが、これも訓練する価値がある。動作の最中で突然体を凍りつかせて、必要なだけその姿勢を保つためには、高度な筋コントロール能力とバランス感覚が必要だ。そのためにも、移動中につねにバランスを保つよう心がけていれば対応しやすいだろう。急な静止を強いられてもぐらつかなくてすむ。

静止後に、さっきまで身を隠していた場所まで戻らなくてはならない場合もあるだろう。その際は退却を開始するタイミングをはかって、非常にゆっくりとしたなめらかな動作で後退する。

環境音にまぎれる

追跡の経験を積むうちに、直感的にその場の条件を利用するさまざまな技を発見するものだが、そうした中にほかの物音を移動の隠れ蓑《みの》にする、とい

音の低減

夜間は、足で音が出るものを探りながら慎重に歩く。最初に足の側面と前部を接地し、次に足全体をそっと下しながら、音をたてそうな物を感じとる。

手信号

標的にいよいよ近づいたら、手信号を知っていると非常に役に立つ。手信号は、音をたてずに伝えられる。

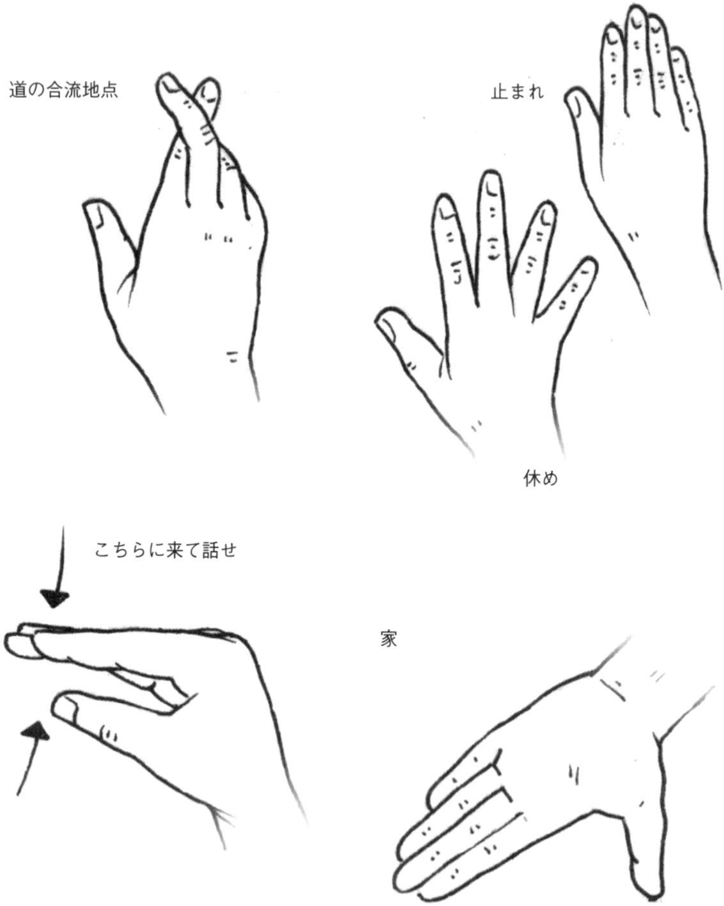

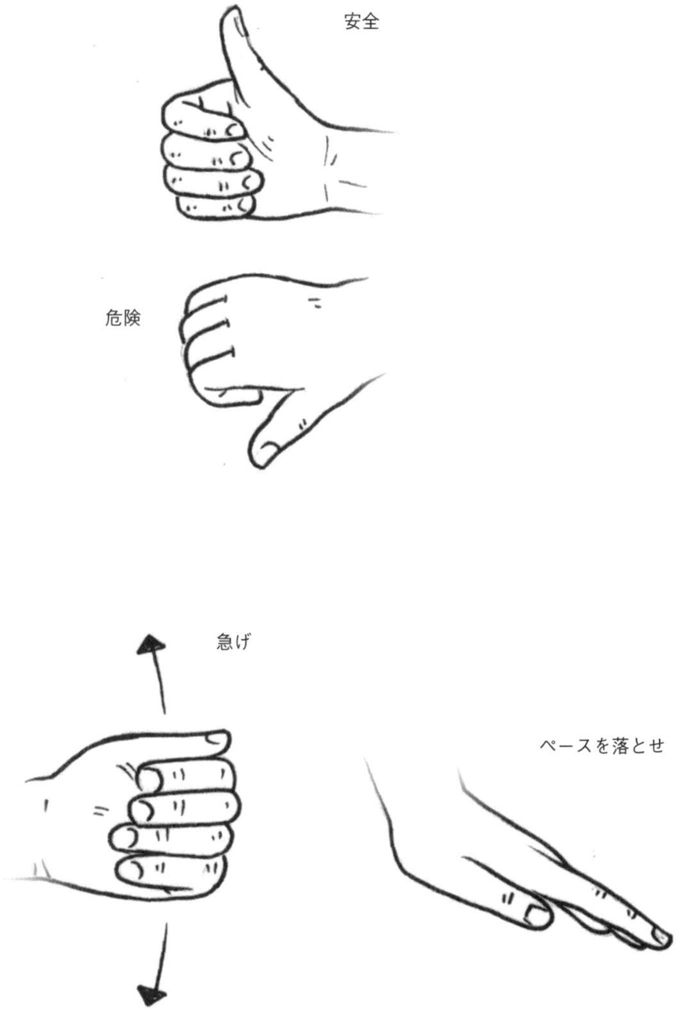
安全
危険
急げ
ペースを落とせ

「手信号」の続き

手と頭を使う信号も、敵の近くで重要な情報を伝える手段となるので、うっかり見逃さないようにする。

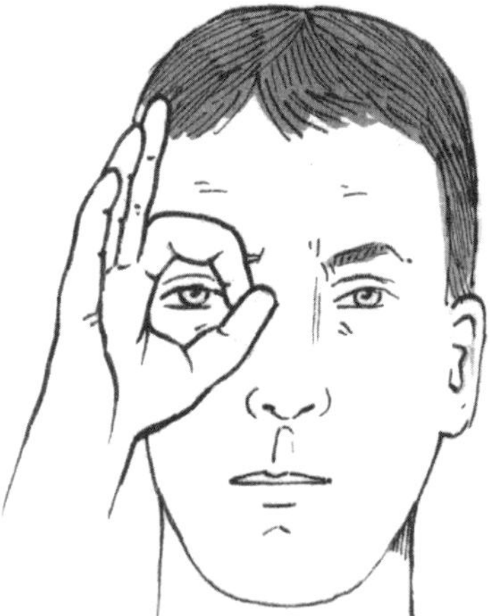

偵察

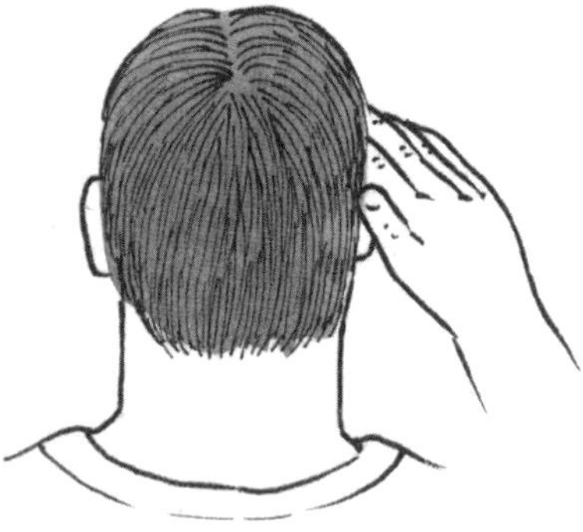

動きを止めて音を聴け

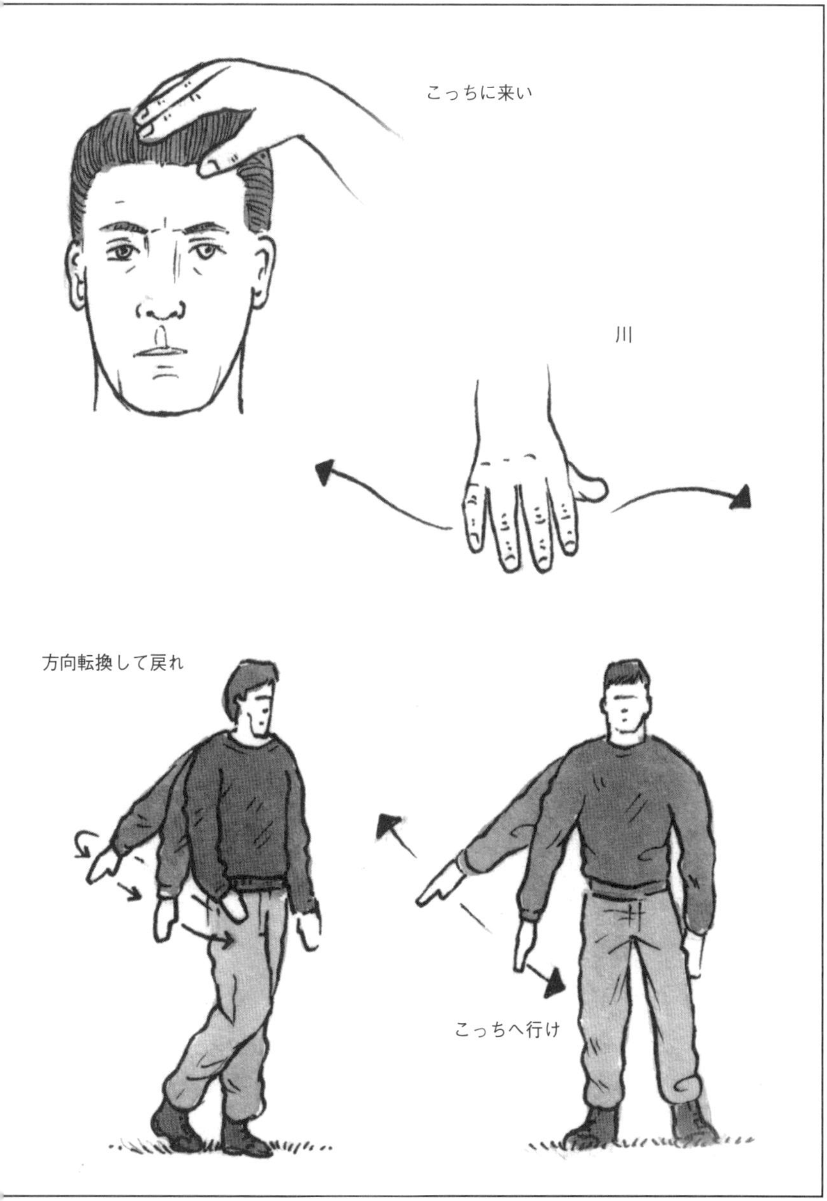
こっちに来い
川
方向転換して戻れ
こっちへ行け

うやり方がある。一陣の風が木立の葉をざわめかせるかもしれない。その音にまぎれれば、自分でたてる音を気にせずに前進できる。動物や鳥、通過する車、上空を飛ぶ飛行機のたてる音も利用できる。

物音をたてない

もうひとつ音で問題になるのは、自分でたててしまう音だ。ガチャガチャ音をたてるものがないか、ポケットの中身をチェックしよう。また時計や電子機器にアラームがセットされていないか、電源が切られているかを念を入れて確かめる。

身につけている衣服も、生地の種類によってはこすれる音がするので気をつけたい。野生動物がいるかどうかは

隠密監視

長期の監視をしてようやく、なんらかの動きが確認されるケースもある。兵士は、このような陣地で何日も続けてすごすことがあるので、相当の体力がなくてはつとまらない。

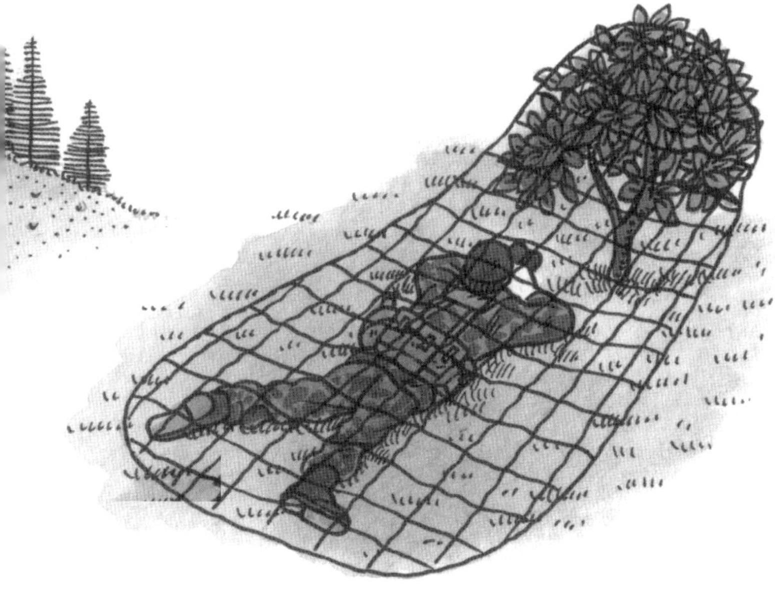

確かめられない場合もあるが、可能なかぎり脅かすような動作は慎む。どこかに隠れていたり木にとまっていたりした鳥が、急に飛びたったら、そこに人か何かがいるというサインになるだろう。動物を驚かせてしまったらひたすら気配を殺す。そして標的が何もかもだいじょうぶだと思えるだけの時間を待って、移動を再開する。

チームのほかのメンバーに意志を伝えるときは、原則的に声よりも手信号を使う。特殊部隊なら、このような目的のための手信号が決められているだろう。規定の手信号がない場合は、任務にとりかかる前にうちあわせをして練習しておく。

射撃陣地

射撃陣地は、好条件の場所に設けることが肝心だ。射撃前に、体のできるだけ多くの部分を遮蔽物に隠せる場所がよい。

観察と待機

標的の位置を確認できる場所にたどり着いたが、動きがあるかどうか観察が必要な段階もあるだろう。

静止状態の潜伏はそれ自体がひとつのテクニックで、訓練の対象となる。われわれは日常生活で習慣的にいろいろな動作をしているので、沈黙を守ってじっとしているためには相当の自制心を要する。不動のまま姿を隠す訓練は、たいていどんな場所でもできる。しばらくそうしていると、動物や鳥が人がいても安心して、あるいはまったく気づかずに、自然な姿を見せるようになる。

以下にローデシアの対反乱マニュアルからの抜粋をあげるので、参考にしてほしい。テロリストに対する待ち伏せ攻撃のかけ方が説明されている。

1　**狙い**　待ち伏せ攻撃の狙いは、攻撃部隊が選択した作戦域で、敵を急襲し抹殺することにある。

2　**情報**　待ち伏せ攻撃の大半は、次のような根拠から計画される。

a　投降または捕縛したテロリスト、諜報員、情報提供者から直接的または間接的に得られた情報。

b　偶然入った情報。

c　テロリストの動きや活動の予測。その地域をよく把握し、その地域に関係するテロリストの動きのパターンを総合して判断する。

3　**目的**　待ち伏せ攻撃は、敵の人員またはグループ全体を排除するために計画される。敵は予想した時間に動かず、市民を手先にして、軍事行動の兆候や待ち伏せ場所の手がかりを探しているかもしれない。指揮官はつねにこのことを念頭に置き、もし周到に計画された待ち伏せ攻撃が目的を果たせなかったとしても、落胆せずともよい。ただし、このような不可抗力な失敗と、適切な場所とタイミングで遂行しても指揮のまずさから起こった失敗とは、はっきり区別しなければならない。

4　**編制**

a　伏撃部隊の規模は一定ではない。小規模な4人組パトロール隊がその任務のなかでしかける場合もあれば、小隊や中隊規模の部隊による大がかりな作戦になることもある。その際指針となるのは、兵力の効率的な投入だ。部隊が小規模であればあるほど、待ち伏せ区域への潜入や作戦の統制、接触後の伏撃部隊の脱出は容易になるだろう。

b　待ち伏せ攻撃を行なうたびに、最高のチームを選択することがきわめて重要だ。そうなると、たとえほんの一握りの兵で構成された

最終接近

標的を逮捕するときは、ポケットなどに銃を隠しもっていないかどうか、用心してかかる。

チームでも、たいてい（騎兵）中隊の指揮官が、伏撃チームを率いることになる。射撃の腕など特技を買って抜擢するメンバーは、部隊のあらゆる班から引きぬく。伏撃チームの選抜でなによりも優先すべきなのは、このような特殊な任務でもっとも成功しそうな兵をそろえることだ。

5 **待ち伏せ攻撃の原則** 完全に射界におさめたキリング・ゾーンで、不意をつかれた敵に、いっせいに連携した攻撃を行なう。これが待ち伏せを成功させるための大事なポイントである。そのためには、次のような条件を満たさなくてはならない。

a 伏撃テクニックの高度なトレーニング。

b 慎重な計画と実行。

c 全段階における、最高水準の警戒。

d 配置についていることを示す形跡の完全な隠蔽。

e 理にかなった配置と待ち伏せ場所の設定。

f 高いレベルの戦闘訓練。とくに夜間訓練。

g 伏撃分遣隊の隊員全員に、待ち伏せて敵を殺害する意志があること。

h 勢いのある攻撃をするための単純明快な計画。

i あらゆる姿勢からの精密な射撃。膝位、座位、立位、伏臥の姿勢で、遮蔽物の陰から。

j 不意打ち。待ち伏せ攻撃の成功の鍵。

k 自軍の安全。

接近ルートの計画

標的への最終接近の段階になると、どうしても頭を下げたままでいなければならないので、前方を見ながら接近ルートを決めるのがむずかしくなる。そのためにも、先にできるかぎり準備しておくとよい。重要なのは、使える遮蔽物を最大限に利用できるような接近の仕方を計画することだ。また遮蔽物の種類によって、移動姿勢もあわせて考えなければならない。たとえば背の高い生け垣があったら、中腰での姿勢が適切だ。比較的速いスピードで移動できるだろう。だが用水路しかなかったらしゃがむしかないが、そうなるともちろん、移動にははるかに長い時間を要する。ルートを決める際には、要注意の危険個所を心にとめておく。生け垣のとぎれた場所や用水路の穴が埋まっているようなところには、標的もおそらくは目を光らせているからだ。死角がどんな場所にあるか覚えておくとよい。そうすればまたそこで、あまり気兼ねせずにさっさと進める。

顔の迷彩

顔の輪郭をわかりにくくして肌のてかりを抑えるために、顔への迷彩をほどこす。兵士の作戦準備のなかでも重要な作業だ。

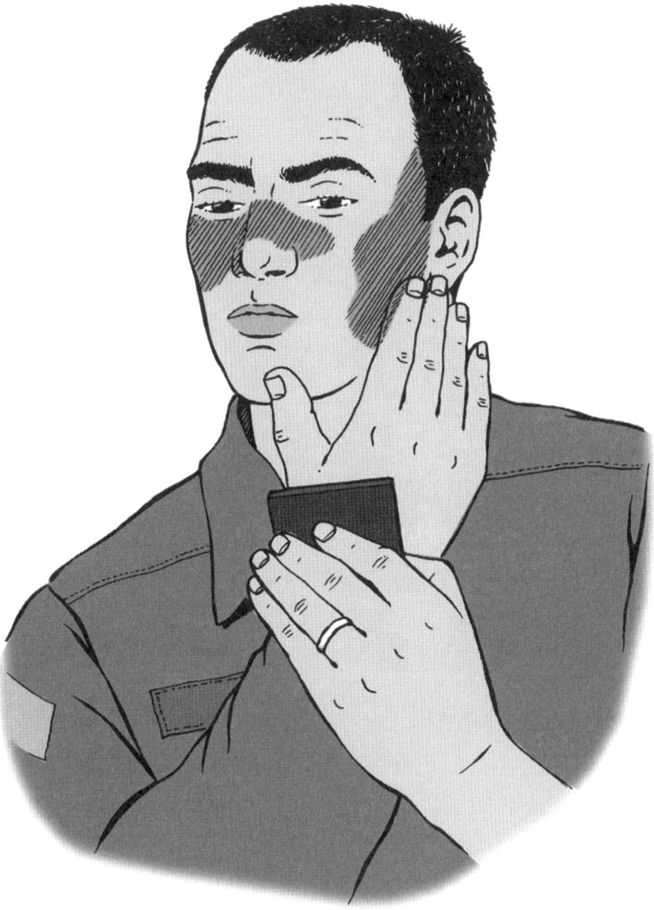

接近ルートの計画

標的に最終接近する前に念入りに観察して、可能なあらゆる接近ルートを考慮する。前方 180 度の方向をクロックポジション［正面を 12 時の方向、東を 3 時、西を 9 時とする］で示すと、仲間同士で位置の確認ができる。

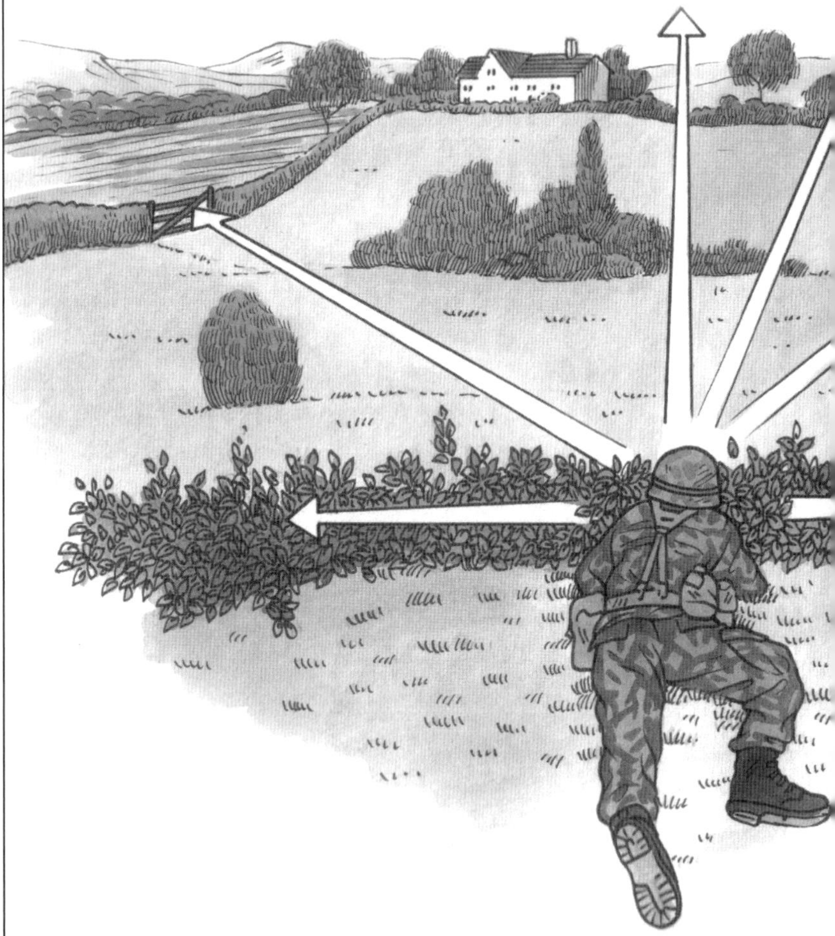

移動のところどころでルートの再確認をして、標的が動きそうな兆候をうかがう必要もある。遮蔽物から頭を上げずに、のぞきこめる場所を選ぶ。生け垣などがよい。

標的に迫るにつれて、物音や臭いへの対策はますます切実になる。とくに夜間は、物音や臭いが昼より遠くまでとどいて、視界が悪くなる分聴覚と嗅覚が鋭敏になる。それであればやはり、強い匂いの制汗剤やアフターシェーブ・ローションは使用するべきではない。ポケットに音をたてる物が入っていないか念入りにチェックする必要もある。

太陽や月の光を時計盤や金属が反射して光ったら、それだけで標的は追手の存在を知って警戒するだろう。武装している相手なら、命を危険にさらすことにもなりかねない。第２次世界大戦のスターリングラード攻防戦では、ソ連軍の凄腕の狙撃手が、ドイツ軍の宿敵の狙撃手を、双眼鏡が日光をキラリと反射したその瞬間にしとめた。懐中電灯をつけたり、タバコを一服やるために休止したりするのはもってのほかだ。

使用しているカムフラージュによっては、移動中の植物の変化に応じて、変更をくわえなければならないこともあるだろう。前述したように、顔や手の露出部分には、カムフラージュ用のドーランをしっかり塗っておく。

攻撃

標的まであとわずかの距離にとどいて1対1の対決になるなら、標的と追跡者が武装しているか否かによって、攻略方法が違ってくるだろう。追跡者に援護チームがひかえている、または航空支援などの別の形の支援を要請できる場合もある。

標的が武器をもっていて追跡者がチームで行動しているなら、標的が反撃してきたときにそなえて、互いに援護しあえるような陣地のとり方が望ましい。

軍事作戦を展開中なら、その地域の航空写真や地図があるだろう。地図等を参照できる場合は、標的に近づくベストのルートを決定し、逃走可能な退路も確認しておく。支援の兵力があるときは、追跡者または指揮官が、援護部隊をそうしたすべての退路に配置して逃走をはばむ。

セルース・スカウトは攻撃に先立つ計画と準備について、次のような提言をしている。

1 **序** 作戦を確実に成功させるためには、このような作戦のための計画と準備がなによりも重要である。スピードが成功のための決定的な要素となるときは、ある程度安全確保を犠牲にする必要もあるだろう。当該指揮官は評価を行なうとき、このような点について慎重に考慮すべきである。

2 **評価** かけられる時間にもよるが、作戦の責を負う指揮官はその任務にもとづいて、注意深く詳細な評価をくださなければならない。評価の対象は、敵、地元住民、地形、自軍の部隊などである。

3 **敵** 評価で敵について考慮しなければならないのは、次のような点である。

a 特徴と兵力。

b 敵が通常出入りするのに使っているルート。

c 敵が通常目標に近づき、また離れるときのタイミング。

d 警戒の手段。たとえば歩哨や防御システム、パトロール隊の位置と決まった手順、武器、警戒・警報装置の発見等。

e 治安部隊を見たときの通常の反応［セルース・スカウトは対ゲリラ作戦を目的に結成された］。

f 追加可能な、または予想できる外部からの援護。

4 **地元住民** 地元住民については、次の点について考慮しなければならない。

a 人口密度と集中の仕方。

b 村落または居住地のタイプと特

特殊部隊の待ち伏せ攻撃

待ち伏せ攻撃は入念な計画を要する。敵にとっての脱出ルートをすべて射界におさめ、また同士討ちの危険性を最小限に抑えるように、戦術を練らなければならない。中央のグループが司令塔の役割をする一方で、その外側のグループは、防御もしくは攻撃等の隊形をとる。

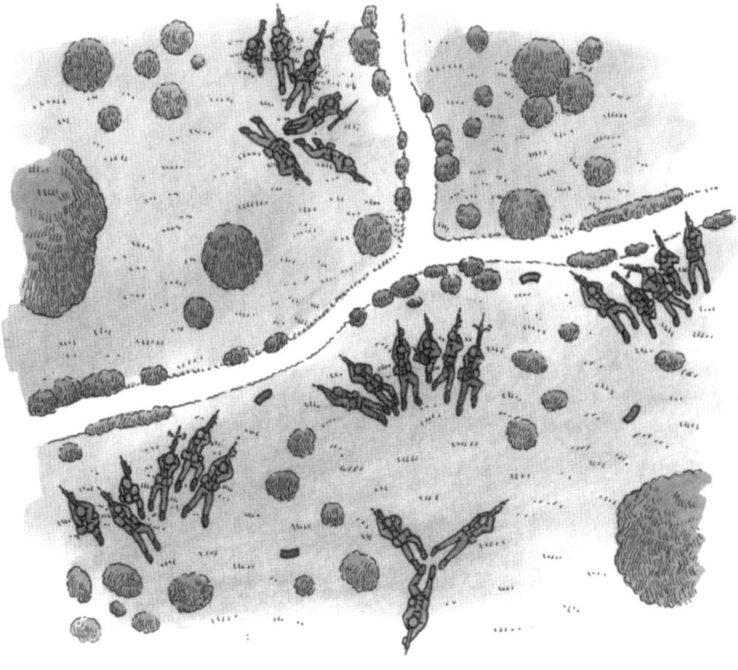

徴、および目標との位置関係。

c　地元住民の敵または治安部隊に対する態度。

d　地元住民が日常的に通っている経路、または通常耕地や水源への往復に利用している道。

5　**地形**　地形を考慮するときは、次のような点に留意する。

1　目標の特徴と規模と正確な位置。

2　目標の周辺にある地形の特徴。たとえば

i　目標との位置関係。

ii　敵の監視と射界。

iii　自然または人工の障害物。

iv　遮蔽物と隠蔽物。

v　侵入路と退路または脱出ルート。

vi　検問所。

情報源　以上のような地形にかんする情報は、次のような調査で収集する。

a　パトロール。

b　航空または地上の偵察。

c　地図と航空写真。

d　地元住民、警察、情報提供者、捕縛した敵など。

タイミング　作戦開始時刻を決定するにあたっては、次のような点を考慮する。

0　作戦の実行に使える時間。

1　攻撃部隊の移動距離。

2　暗闇にまぎれる接近で、最大限の安全を確保。

3　敵の歩哨の見張りのパターンなど。たとえば早朝なら歩哨がまだ立っていない。立っていてもまだ眠気眼だ。あるいは日没後に歩哨が引っこむときでもよい。

4　悪天候や休憩、食事の時間を利用。

5　日の落ちている時間帯に攻撃する可能性。攻撃側のメリットとデメリットを承知しておく。

ルート　接近と後退のルートを考慮するときは、次のようなことに留意する。

0　各部隊が移動する距離。

1　秘匿《ひとく》と安全確保。

2　ルートの特徴。進みやすいか進みにくいかなど。

ケーススタディ1(2)
史上最大の追跡——ビン・ラディンの捜索 第2部

アボッターバードで屋敷の監視が開始された。収集された情報は逐一アメリカの情報センターに送りかえされ、ここでふるいにかけられ分析がくわえられた。屋敷のようすが詳しくわかるにつれて、謎はますます深まっていった。侵入者をまどわすために、壁と出入り口が二重構造になっていた。そこまでしなければならないのは、かなりの重要人物の住み処だということだ。

アメリカ大統領により、特殊部隊が作戦を遂行して標的がビン・ラディンである証拠をとる、という最終決断がくだされた。いよいよ統合特殊作戦コマンド(JSOC)の出番となった。アメリカ特殊作戦軍(USSOCOM)傘下のこの組織に、アメリカの歴史上もっとも重要な指名手配者を探しだして、息の根を止める役割がまわってきたのだ。

米軍はアルザルカーウィ狩りの締めくくりに、この男がいた隠れ家に数発の爆弾を投下したが、アルザルカーウィの身元は確認できた。だがことビン・ラディンにかんしてオバマ大統領は、作戦部隊に確実性を求めた。潜伏先を爆撃した場合、ビン・ラディンが屋敷内にいたという証明が困難になるかもしれないことを、大統領は懸念したのだ。

シールチーム6

オバマ大統領は米特殊部隊に信頼を寄せていたが、とくにシールチーム6、すなわち海軍特殊戦開発グループ、通称デヴグルー(DEVGRU)への信頼は絶大で、かならずこの任務をやりとげてくれると信じていた。シールチーム6は、2009年にソマリアの海賊から民間船舶の船長、リチャード・フィリップスを救出している。そうしたことも、大統領の信頼につながっていた。フィリップス船長は、銃を頭につきつけられるような危うい状況にあったが、シールズの狙撃手3人がスナイパー・ライフルによる同時射撃で、3人の海賊を射止めた。30メ

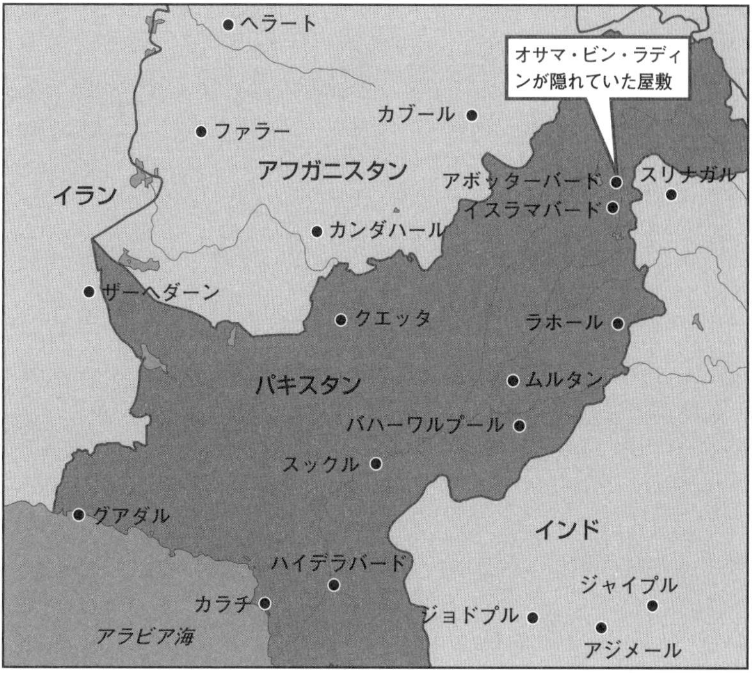

ートル離れたゆれる船舶から、海上のゆれる標的への神業的な狙撃だった。この船長はけがもせずぶじ解放された。

ゴーサインが出て標的を知らされると、特殊作戦部隊は作戦を正確に再現する演習にとりかかった。問題の屋敷の実物大模型も作られた。その頃にはもう、そこにビン・ラディンが潜伏しているのは、ほぼまちがいないと考えられていた。夜間の演習が繰りかえされ、あらゆる不測の事態への対応が探られた。特殊作戦では、偶然性を完全に排除できるかどうかが成否の鍵をにぎる。もっとも、偶発的に発生する出来事をすべて予測するのは不可能だが。

行動開始時刻が刻々と迫るなか、衛星から収集された情報が精査された。それはヘリコプターがパキスタン政府の承認を得ずに領土上空に現れて、シールチーム6が突入したときに、標的が確実にそこにいる可能性をさらに高めるためでも

ビン・ラディンの屋敷は、パキスタン北部のアボッターバードにあった。

パキスタン・インターナショナル・パブリックスクール
ジンナーバード
アーミー・バーンホール大学
カクー
アワミ・ロー
カラコルム・ハイウェイ
カクール・ロード
ビラール・タウン
オサマ・ビン・ラデンが潜伏していた屋
ラフマターバード
カリアー
コンバインド・アーミー・ホスピタル
マリー・ロード
アボッターバード・ゴルフクラブ
サーキュラー・ロード
マリク・プラ
アボッターバード
カラコルム・ハイウェイ
バンダ・サパン

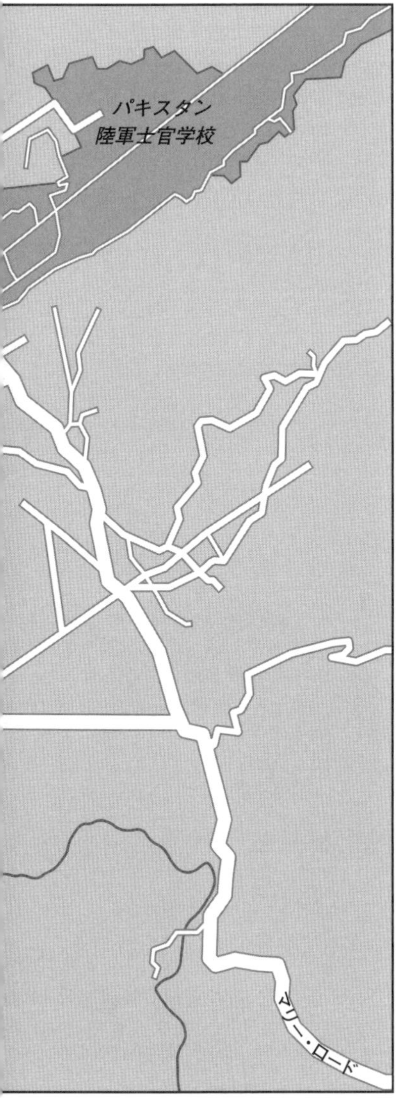

ビン・ラディンの屋敷は、郊外のひときわ目立つ丘の頂上に立っていた。

あった。ある映像は敷地内をうろつく男の姿をとらえていた。100パーセント確実とはいえないが、ビン・ラディン本人のように見える。が、それが情報の確度を高めるせいいっぱいの手段だった。やりすぎれば、住人に襲撃があるのではないかと疑わせてしまう。

裏づけが進むと、ホワイトハウスの危機管理室に米軍の最高幹部と政府高官が顔をそろえた。作戦の指揮は、統合特殊作戦コマンドの司令官、ウィリアム・マクレヴン海軍中将がとった。マクレヴンは、アフガニスタンで作戦を見とどける。

危機一髪

2011年5月1日午前1時15分、バグラム空軍基地から、2機のMH-60「ブラックホーク」ステルス汎用ヘリコプターが離陸した。この特殊作戦仕様のブラックホークはひとまずジャララバードをめざし、ここで2機のMH-47「チヌーク」大型輸送ヘリと合流した。このチヌークも特殊作戦仕様になっており、援護チームと予備の補給品を運んでいた。ブラックホークはステルス性があるため、レーダーに引っかからずにパキスタンの国境を越えることができた。アメリカのヘリが外国の了承を得ずに領空

ビン・ラディンの屋敷

シールチーム6の強襲部隊は2機のブラックホーク・ヘリに分乗したが、そのうちの1機が不時着した。それでも、襲撃の勢いはそがれなかった。

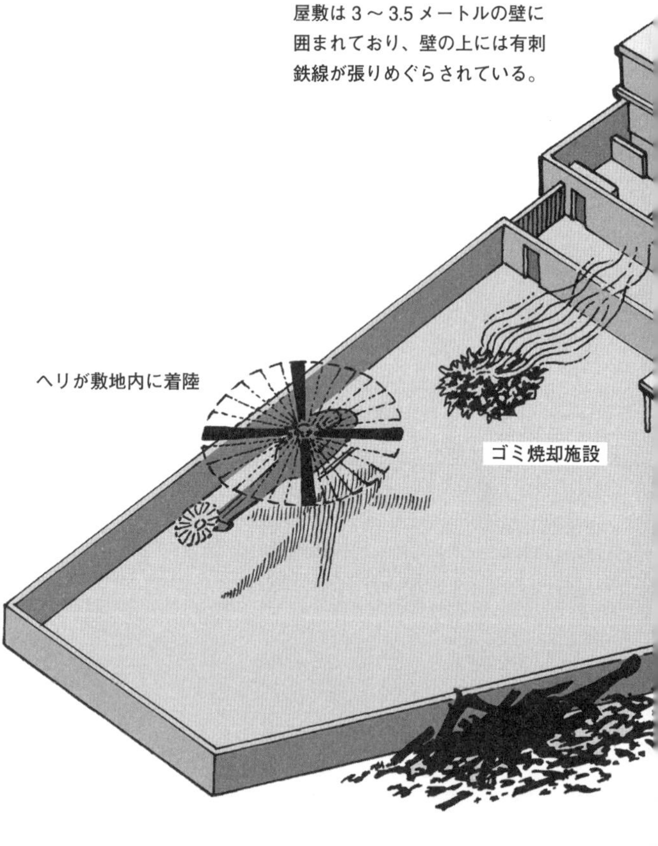
屋敷は3～3.5メートルの壁に囲まれており、壁の上には有刺鉄線が張りめぐらされている。
ヘリが敷地内に着陸
ゴミ焼却施設

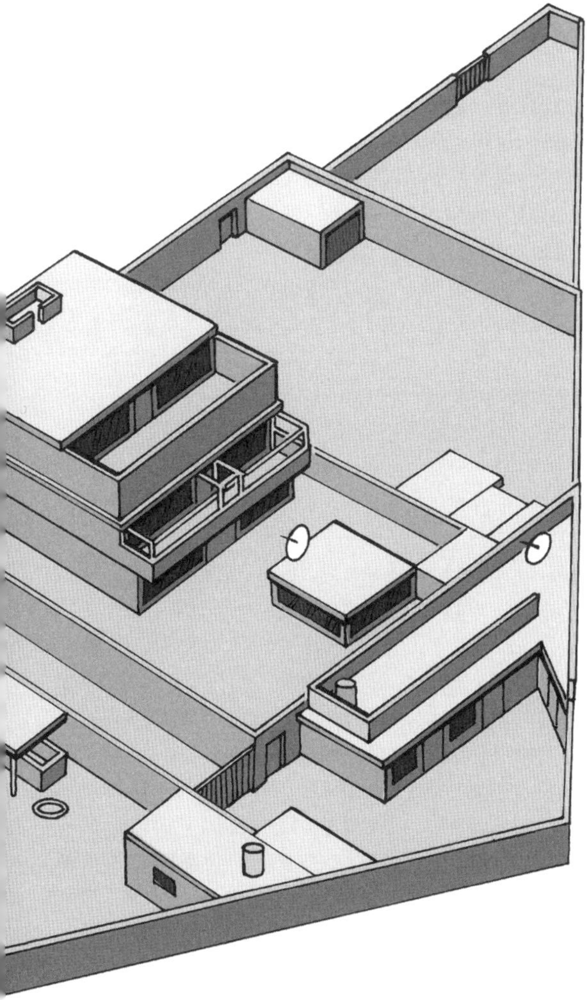

不時着したヘリ

を侵犯したのだから、何事もなかったのは運がよかったのだ。

計画どおり万事が順調に進んでいた。が、悲劇の亡霊は漆黒の闇の中で待ちかまえていた。1機のブラックホークのエンジンが停止した。パイロットが巧みにヘリをあやつって着陸させたため、人命は失われなかった。ただし、ヘリは頭から地面に突っこんでいた。イランのデザート・ワンやソマリアのブラックホーク・ダウンの悲劇がまたもや襲いかかろうとしていた［いずれもブラックホークがかかわる悲運の軍事作戦。米軍に多数の犠牲者が出た］。が、このときのシールチーム6には、その呪いは通じなかった。このメンバーは、地獄の訓練「ヘル・ウィーク」をはじめとする米海軍シールズの訓練をくぐり抜けている。このような不運にみまわれたからといって、おいそれと投げだすような輩ではない。計画では別のブラックホークから、強襲チームが母屋の屋根にファスト・ロープで降下する予定になっていたが、それは断念された。1機のヘリが中庭に着陸し、もう1機が敷地の外に不時着したため壁でへだてられてしまったが、両機のシールズ隊員は、暗視装置を装着して予定どおり強襲を開始した［ヘリの降下位置には諸説がある］。武装はAR-15アサルトライフルまたはヘッケラー＆コッホの416カービンだ。強襲チームはまた軍用犬もともなっていて、捜索や警戒、爆発物の発見にあたらせていたと伝えられている。

敷地内には母屋と客用の離れがあった。敷地内に降りたヘリのシールズ隊員は、離れの施錠されたドアを爆破しようとしたが、屋内からいきなり銃弾を浴びせられた。AK-47アサルトライフルのトリガーを引いていたのは、あのアルクウェイティだった。シールズはすかさず反撃して、この密使をかたづけた。

ビン・ラディンの殺害

敷地外に着陸した隊員もくわわり、母屋に侵入した強襲部隊は、ようやく3階まで達してオサマ・ビン・ラディンの姿を認めた。ビン・ラディンの妻のひとりが、盾になるためにその間に割って入った。シールズが足に1発みまって座らせる。次の瞬間、ビン・ラディンに弾丸がつき刺さった。これで地上最大のマンハントが幕を閉じた。あとはビン・ラディンの遺体と、建物内のノートパソコンなどの電子機器を運びだすだけだ。ビン・ラディンの遺体は、米海軍の航空母艦に移送されて、2011年5月2日に水葬された。

オサマ・ビン・ラディンの捜索は2001年9月11日以来、長期にわたり継続されてきたが、最後にはその努力が実を結んだ。この10年間で多くの教訓が得られ、テクノロジーの開発と改良が

タイムライン

2010年8月　パキスタンを拠点とする監視チームが、シェイク・アブー・アフマド・アルクウェイティをペシャワルから追跡して、ハイバル・パクトゥンクワ州のアボッターバードにある屋敷を発見する。この屋敷は、オサマ・ビン・ラディンと家族の隠れ家として建設されたものと推測された。

2011年3月　5回の国家安全保障会議で、オバマ大統領が屋敷の襲撃計画の詳細を裁断。最初は証拠もろとも爆撃する計画案があったが、大統領は承認しなかった。大統領は瓦礫の山ではなく、ビン・ラディンの死亡を証明するものを求めた。米海軍特殊部隊シールズが、2度の予行演習を行なう。

2011年4月29日午前8時20分　オバマ大統領が、CIAと軍特殊部隊に強襲作戦の開始を命じる。

2011年5月1日　ビン・ラディンが米特殊部隊に銃撃され、額に致命弾を受ける。オバマ大統領がビン・ラディンの死亡を発表。遺体は米艦艇の空母「カール・ヴィンソン」に運ばれて、海に葬られた。

進み、尋問の方法論が洗練された。特殊部隊のチームは、それ以前にもまして集中的に決然と任務にあたり、国内でも捜索の現場でも情報機関との壁をとりはらって連携した。対テロ部隊のまばたきをしない目は、いまやテロ組織にとって活動の強力な障害物となっており、その存続を脅かす存在とさえ見られている。

特殊部隊は、集中捜索の展開中に刃物や銃による攻撃を受けることがある。そうしたときに命を守るためにも、素手で襲撃に立ち向かう訓練は必要不可欠だ。

付録：格闘術

追う立場でも追われる立場でも、身に危険が迫ったときに自衛手段をとることは、文字どおり死活的に重要になる。特殊部隊の隊員は、残虐なテロ行為がいつ発生してもおかしくない環境で活動している。通常は火器を携帯しているが、そうしたものには故障や弾切れ、紛失といったトラブルが起こらないともかぎらない。

集中捜索に参加する警官は、徒手での格闘術の高度な訓練を受けていなければならない。待ち伏せ攻撃にあう危険性もあるため、そうしたときに反撃できる技能が必要なのだ。

生きのびるための戦い

地面や周囲にあるものもとっさに手にとって、まにあわせの武器にすることができる。岩や棒、スパナー、消火器でもかなりのダメージになる。だがそうしたものが周囲にない、またあったとしてもまったく効果がなかったときは、自分自身の能力にたちもどり、身体のみを頼みにして身を守るしかないだろう。ここで素手による格闘術が役に立つ。またナイフや銃による攻撃への対処法を知っていれば、命を失わなくてもすむ場合もあるはずだ。最短の時間で最大限のダメージを――これが素手で戦うときの基本だ。フェア・プレーの入りこむ余地はない。汚い手を使っても恥ずかしいことなどまったくない。それどころか、汚い手が勝利への近道になり、ややもすると生きのびるための唯一のチャンスだったりするのだ。

ナイフによる攻撃

ナイフによる攻撃は、火器よりも、またどの武器による攻撃よりも、反撃がむずかしいといえるだろう。というのも、むき出しの刃物に対する従来の防御法では、十中八九大怪我をするはめになるからだ。たとえば、ナイフを腕ではらいのけようとしたら、そうすることで腕に傷を負うだろう。それにもしナイフを一時的にはらいのけられたとしても、防御側、攻撃側のいずれかが身をひき離すときに、深手を負わされることになる。

したがって防御で優先させるべきなのは、体でもっとも弱い急所を襲撃者から遠ざけながら身をかわしつづけて、可能ならナイフをふるう腕を抑えることだ。そうして腕をつかんだら必殺のパンチで反撃して、それ以上の攻撃を封じる。

防御訓練

バックハンドあるいはフォアハンドで斬りつけられたとき、上からの突き、あるいは下から上への突き、喉にナイフを突きつけられたとき。攻撃から確実に身を守るためには、それぞれの攻撃に対応した訓練と練習が必要だ。

ただ防御のマニュアルを読んで覚えようとしただけでは、混沌とした実戦では役に立たない。どんなに複雑な動きの武術のテクニックでも、襲撃者がその動きに圧倒されて、ただつっ立って何もせずに見とれるとは思わないほうがいい。武器から身を守るときは、電光石火の動きと反撃が必要だ。本能的にその動作が出なくてはならない。

防御には、その場である程度工夫をくわえる余地がある。たいていの襲撃者はマニュアルを読んでいないだろうし、予測できる形で襲ってくるとも思えないからだ。動きが型などにはまっていなくても、防御の効果があるならかまわない。自分の命を守ろうとするときは、何をやっても許されるのだ。

基本原則

ただし、ナイフによる攻撃に立ち向かうときに留意すべき原則はある。まずは、ナイフをもつ手をできるだけ早く抑えることだ。さらに脚や腕で思いきった反撃に出て、襲撃者を戦闘不能にする。石、木や金属の棒、ビン、砂、土など、とっさにつかめて武器になりそうな物はなんでも使い、一時的でも

バックハンドで斬りつけられたときの防御

バックハンドで斬りつけられたときは、その腕を相手の体に強く押しもどして、動きを封じる。これでナイフがふるえなくなくなった隙に、反撃を開始する。だがその間も、腕を圧迫しつづけなくてはならない。敵は後ろに下がってナイフをふるうかもしれない。

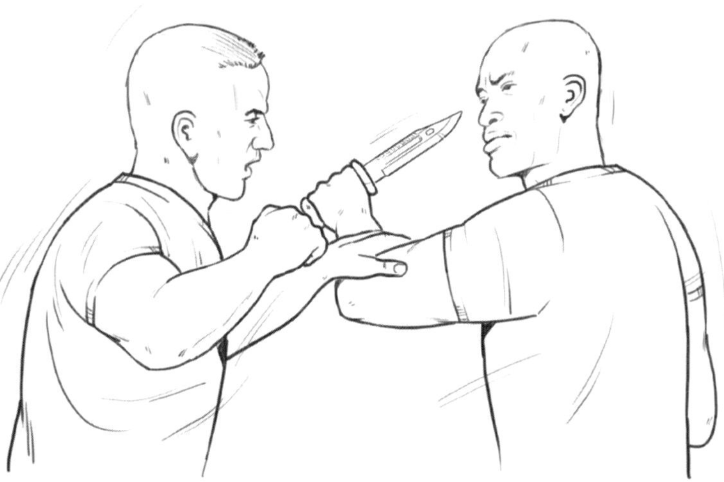

襲撃者の戦闘能力を奪う。あるいは二度と攻撃できないようにする。自衛の程度は、いかなる場合も直面する危険のレベルに応じたものにする。相手がナイフをふりかざしてきたら、殺すかその一歩手前にする気なのは、ほぼまちがいない。だから防御や反撃に手加減は必要ない。

銃による攻撃

火器から自衛するといっても、その性能からして火器はかなり離れた距離から使えるため、できることははっき

喉にナイフをつきつけられたときの防御

ナイフで切られては元も子もないので、どう防御するにしても、ナイフをがっちり固定するか喉から遠ざけておく。軍で教える防御法は、そのような条件を満たしている。（B）兵士はまずナイフをもっている腕を下げて喉から遠ざける。（C）自分の肩を前方に出して下げる。（D と E）背負い投げのような形で敵を肩越しに投げ、前方にたたきつける。（F）仕上げに頭を殴る。ナイフをもった腕は、その間ずっと押さえたままだ。

D
E
C
F

り言ってごくわずかだ。遠距離から弾丸が飛んできてこちらが丸腰なら、なによりも先に、遮蔽物の陰に隠れる。そして可能であれば、身を隠しながらその場から離れて射程外に出るようにする。

防御の動き

近距離から火器でおどされて、撃たれる危険性があると感じたときも、ある動作をすることによって命びろいできるかもしれない。武器を使うどのような脅威にもいえることだが、防御が効果を発揮するためには、スピードと思いきりが必要だ。銃身の長いアサルトライフルなどをつきつけられたとき、銃身が手のとどく距離にあるなら、前に出て銃身を押しのけ、右の脇の下ではさんで動かないようにするという方法もある。その後は襲撃者の顔か股間に一発みまい、相手を無力化して銃器を奪って逃走する。

拳銃に対する防御法については、本章のイラストを参照してほしい。頭と背中に拳銃をつきつけられたときの、それぞれの対処法だ。いうまでもないが、襲撃者にトリガーを引かせないためには、どちらの防御も電撃的でなければならない。そしてどちらの場合も、襲撃者の銃を奪う必要がある。こうした動きは練習を積まなければ、実戦で通用しない。

脅威のレベル

銃をつきつけられたときは、実際の脅威のレベルを見きわめることも重要だ。相手が何かを強要するために銃をつきつけているなら、従うほうが無難だ。財布を要求されているなら渡せばよい。はむかえば、命を失ったり痛い目にあったりする。軍事のシナリオでは、敵兵が武器でおどして捕虜にしようとしているが、命を奪う気まではないときは、その場の判断にゆだねられる。撃たれる危険をおかして敵兵から武器を奪おうとするのもよいし、脱走する別のチャンスをうかがってもよい。そのため本章でとりあげている防御法は、何もしなければ確実に命が危うい状況を想定している。それでも絶対に忘れてならないのは、どんなに体全体の敏捷な動きで防御しても、相手はトリガーにかけた人差し指を引くだけで、命を奪うことも重傷を負わせることもできる、ということだ。

武器をとりあげる

武器をねじってもぎとる方法は、軍でも武装解除のテクニックとしてよく教えられている。手首がこれ以上ねじれないところまで来ると、武器は簡単にもぎとれる。イラストでは、拳銃の銃身をもって、銃口が危険な方向に向かないようにしている。

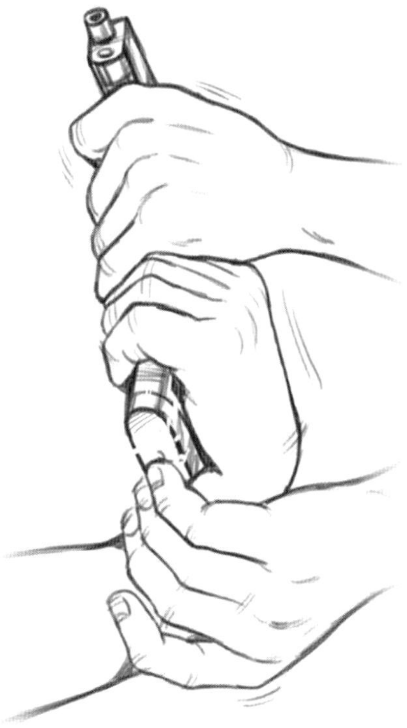

後ろから頭に拳銃をつきつけられたときの防御

突然ふりかえって拳銃をはらい、相手の武器をもつ腕を脇の下にはさんで、動きを封じる。(B) 銃口がそれているので、とりあえず危険は回避されている。(C) 肘拳を相手の顔にくらわせ、頭をのけぞらせてバランスをくずす。(D) 足を引っかけてはらう。(E) 武器をもつ手の自由を奪ったまま、相手の体にニードロップをみまい、頭を殴る。

A

B

C
D
E

後ろから背中に拳銃をつきつけられたときの防御

(A) 突然ふりかえって手を後ろ側にはらい、拳銃を横にそらす。(B) 拳銃をもつ腕を脇の下で抱えこんで、動きを封じる。(C) あとはどんな形で反撃してもよい。この例では目を突いて相手のバランスをくずし、頭をのけぞらせている。こうなると、股間がガラ空きになって、膝蹴りを入れやすくなる。

A

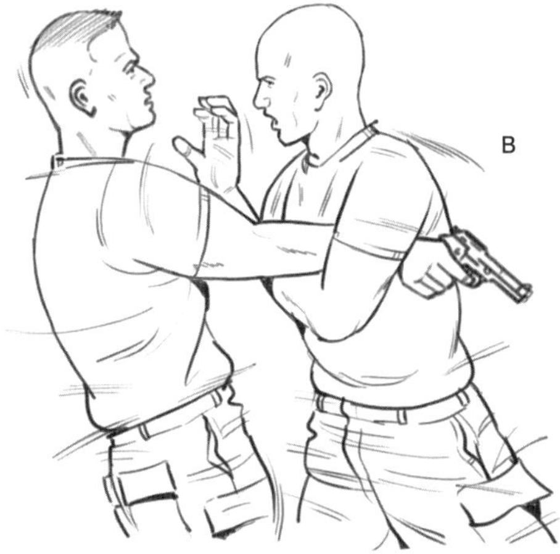

B

C

関連用語解説

ECCM——対電子対策。ジャミング（妨害電波）や電子信号の遮断で、電子対策の効果をそごうとする試み。

GPS——全地球測位衛星（システム）。地球をまわっている航法衛星で、GPS 受信機は複数の衛星から電波を受信して、正確な経緯度を割りだしている。

IED——手製爆弾。

JDAM——統合直接攻撃弾。無誘導弾に、精密誘導能力を付加する装置。

PTSD——心的外傷後ストレス障害。深刻な不安障害。兵士が捕縛や監禁など、精神的に傷つけられる経験をしたあとで発症することがある。

足跡——動物や人間がその場所を通ったことを示す痕跡の連続。臭跡は、残された臭気の連続。

緯度——赤道から北または南に離れている距離により、位置を表す方法。

衛星の幾何学的位置——GPS 受信機の上空にある衛星の相対的な位置。この情報をもとに、受信機のある位置が計算される。

落とし罠——動物の上に重い物体を落として殺す罠。

おとり——釣りや猟で、獲物を罠や特定の場所におびき寄せるために使うもの。

温帯——温暖な気候帯。

隠密——発見をまぬがれるために、ひたすら慎重に、そして静かに移動すること、またはその特徴。

重ね着——サバイバルでは、何枚も薄い服を着る基本原則をいう。これで暑さや寒さを調節する。

過マンガン酸カリウム――水の浄化に使用できる化学物質。

カロリー――1グラムの水の温度を、1度上げるのに必要な熱量。

グリッド――地図上に引かれた縦横の方眼で、位置表示に利用される。地図には東西と南北の線が引かれている。

グリッド照合――地図上のグリッドにつけられている数字などで、位置を照合すること。

経度――グリニッジ子午線から東または西に離れている距離により、位置を表す方法。

交戦規則――武力をいつ、どこで、どのようにして、どのような敵に対して行使すべきかを定めた規則。

高体温症――体温が、生体活動の維持が困難になるほど高くなる症状。熱射病ともいう。

コース――2点を結ぶルートまたは道。

痕跡――追跡の用語では、人や動物が通過したことを示す、環境のあらゆる乱れをいう。

燻煙《くんえん》――煙でいぶして食物を乾燥させる方法。食物の保存期間を延ばす効果がある。

再捕縛――脱走兵の捕縛。捕まったあとに、脱走前よりひどい虐待を受けることが多く、殺害されることもある。

座標――特定の地理的位置を示す、2組の数字または英数字。

自差――近くの鉄製や鋼鉄製のもの、磁石や電流に影響されて、磁石に生じる誤差。

脂肪――自然の油性物質。人間の場合、食物から摂取した脂肪は皮下脂肪や内臓脂肪として蓄えられる。

磁北――磁北極の方向。

針葉樹――球果をつけ、葉が針のような形をしている常緑樹。

ストーキング（静粛歩行）――追跡の用語では、標的に追手の存在を警戒されないように、音をたてずに身を隠しながら移動するテクニック。

赤痢――長く続く下痢の症状で、深刻な脱水症状から死にいたることもある。

セルース・スカウト――ローデシア軍の特殊部隊。1973年から1980年まで活動していた。

台木――サバイバル条件で火を熾すときに、高熱を発生させる木片。火口はこの熱で発火する。

太陽蒸留器――ビニールシートでおおって、土の中の湿気を集めるしかけ。水分が凝結して飲み水になる。

たきつけ――火口にくべて火を燃えたたせる少量の乾燥したもの。通常は細い枝。

脱水症状――体液が大量に失われて水分の摂取がなく、補給されていないときに起こる症状。

追跡――動物や人間が残した痕跡を観察しながら追うこと。「痕跡」の項も参照。

追跡棒――足跡のさまざまな寸法がすぐにわかる道具。

低体温症――体温が、生体活動の維持が困難になるほど下がる症状。

等高線――地図上で同じ標高の地点を結んだ線。

トランシット――ふたつの目印を結ぶ直線。位置を確かめる目安として利用される。

万能食用テスト――種類が判別できない植物（キノコを除く）を、摂取して安全かどうかを確かめるテスト。

反乱者――軍備をもって政府または社会の権威者に反抗する者。

ビタミン――人間の栄養で、重要な部分を占める有機化合物のグループ。ただし摂取量は微量でよい。

標高——基準海水面からの高さ。

標的（獲物）——追跡では、狩りや尾行の対象となる動物または人間をいう。

副次的損害——作戦の計画になく、発生が予測されていなかった損害。軍事作戦による民間人の死傷、戦闘中の敵味方のあいだに脱走者がはさまれた場合の被害など。

ベルゲン——サバイバル用品を入れる大型バックパック。

方位——現在位置から目印や目的地への方向を、方位磁石の表示であらわしたもの。

火口——火がつきやすい、少量の軽くて乾燥した材料。火を燃えたたせるために使う。

真北——北極の方向。

待ち伏せ攻撃——隠蔽された陣地から行なう奇襲。

ユーコンストーブ——サバイバル用の本格的な造りのかまど。石を積みあげ泥でその隙間をふさいで煙突を作り、煙突の穴の上で煮炊きする。

ヨウ素——水の浄化に使われる化学物質。

索引

【A】
AWACS（早期警戒管制機） 206-7, 209
CCTV（閉回路テレビ） 203, 204
CIA（中央情報局） 5, 216, 219, 220, 223
特殊活動部隊（SAD） 10, 11, 160-1, 162, 214, 220, 245
特殊作戦グループ 214, 220
FBI（連邦捜査局） 172-3, 216, 219, 221
張りこみ戦術 176-7
GPS（全地球測位システム） 27, 28
MAV（超小型無人航空機） 210
MI5 219, 222
徽章 222
MI6 219, 222
NATO/SFOR（平和安定化部隊） 139, 142
SAS →イギリス軍特殊空挺部隊
SOE（特殊作戦執行部） 83, 84-5, 86, 89
UAV（無人航空機） 203, 209-12, 214
MQ-1「プレデター」 214
MQ-9「リーパー」 210-2, 214
RQ-1A「プレデター」 208-9
RQ-4「グローバル・ホーク」 212
超小型無人航空機（MAV） 210

【ア】
足跡（痕跡） 55, 59, 120-1, 123, 124-5
市街地 147, 149, 150, 154
識別と分析 127, 136
複数の足跡の判定 128-9
焼き石膏での保存 146, 154, 155, 156
「痕跡」も参照
『明日に向って撃て』（映画） 61
アデン 9
アパッチ族（アメリカ先住民） 80-1
アブー・アブド・アルラフマーン、シェイク →「アルラフマーン、シェイク・アブー・アブド」
アブー・アフマド・アルクウェイティ、シェイク →「アルクウェイティ、シェイク・アブー・アフマド」
アフガニスタン 2-3, 5-8, 115, 207, 212, 214
アブー・ガマール →「ガマール、アブー」
アブー・ハイダル →「ハイダル、アブー」
アブー・ファラージ・アルリービ →「アルリービ、アブー・ファラージ」
アフガン民兵 8
アフマド・アルクウェイティ、シェイク・アブー →「アルクウェイティ、シェイク・アブー・アフマド」
アフミチ 140
アブー・ムサブ・アルザルカーウィ →「アルザルカーウィ、アブー・ムサブの捜索」
アブー・ラジャ →「ラジャ、アブー」
アボッターバード 17, 53, 160-1, 162, 163, 166, 294, 295, 296
ビン・ラディンの屋敷 160, 162, 166, 209, 220, 298-9, 300
アメリカ国土安全保障省 212, 216
アメリカ国防情報局（DIA） 195, 199, 216, 221
アメリカ国防総省 2, 11
アメリカ国務省情報研究局 216
アメリカ国家安全保障局（NSA） 8, 14, 216, 219, 221
アメリカ国家偵察局 219
アメリカ政府 2, 244
アメリカ先住民 15, 17, 19, 23, 80-1, 89
アメリカの情報機関 216, 219
徽章 221
各情報機関の項目も参照
アラブの文化 246, 247
アラブ反乱（第1次世界大戦） 228
アルカイダ 2, 3, 5, 8, 10, 11, 163, 214, 215, 220, 244, 246-7, 251
アルクウェイティ、シェイク・アブー・アフマド 10, 163, 164, 300, 301
アルザルカーウィ、アブー・ムサブの捜索 180, 244-51
尋問テクニック 245-6

タイムライン　250
タスクフォース 145　244-5，247，251
抹殺　247-9，250，251，294
アルシブ、ラムジ・ビン　8，10，11
アルジャジーラ衛星テレビ局　11
アルラフマーン、シェイク・アブー・アブド　180，250，251
アルリービ、アブー・ファラージ　8，10，11
アレクザンダー、マシュー　245-7，251
アンマンのラディソン SAS ホテル　250
イギリス海兵隊　28
イギリス空軍　206，212，223
第 5（陸空協同）飛行隊　206
第 47 飛行隊　139
第 138 飛行隊　83
イギリス軍降着誘導班　28
イギリス軍特殊空挺部隊（SAS）　5，8，27，41，99，139，140，141，142，161
継続訓練　50
ジャングル・サバイバル訓練施設　53
ジャングルで先導する斥候と兵士のための規定　269-71
選抜訓練　44，50，53
第 22 連隊　223，245
ボルネオの A 中隊　87，88，89
ブラヴォー・ツー・ゼロ部隊　46
イギリス軍特殊作戦執行部　→「SOE」
イギリス軍特殊舟艇部隊（SBS）　27，41，87，245
イギリス軍特殊偵察連隊　40-1，222，245
徽章　44
イギリス軍特殊部隊支援グループ（SFSG）　41，245
イギリス軍特殊部隊通信中隊　28
イギリス合同情報委員会（JIC）　222，223
イギリス国防情報部　222，223
イギリス国家保安局（MI5）　219，222
徽章　222
イギリス政府通信本部（GCHQ）　223
イギリスの情報機関　219，223
各情報機関の項目も参照
イギリスの特殊部隊　209，222，228，245
各特殊部隊の項目も参照
イギリス秘密情報部（MI6）　219，222，223
イギリス陸軍
王立陸軍獣医軍団　255
全地形迷彩（MTP）戦闘服　106，107，115
パラシュート連隊　28
ロヴァット・スカウト　98-9
犬の回避　149，260-1，266-8
イブラヒーム、ムハンマド　198，199，201
イラク　46-7
カナル・ホテル自爆テロ（2003 年）　250
侵攻（2003 年）　194，198
「フセイン、サッダームの探索」も参照
イラク国連本部　250
イラクサ茶　34，35
イラン大使館占拠事件（ロンドン、1982 年）　161
インドネシア軍　87，88
隠蔽　91，101-3，104
影への配慮　102-3
注意を引くもの　108-9，289
溶けこむ　112-3
市街地の監視　154，158-9，166，168
反射　118，289
ヴィエイラ・デメロ、セルジオ　250
ウォディントン公開有限責任会社　62
ウォルシンガム、フランシス　219
ウダイ・フセイン　→「フセイン、ウダイ」
「ウルトラ」計画　212
衛星監視　10，212，213，217，219
エシュロン計画　219
エドワーズ少佐、ジョン　87
オーグレディ大尉、スコット　35
オサマ・ビン・ラディン　→「ビン・ラディン、オサマ」
オーストラリア　15
オーストラリア先住民のアボリジニ　15
オバマ、バラク　294，301
オランダ軍第 108 コマンドー中隊　139，140
音声監視装置　203
隠密監視　280-1，284
隠密行動　15，20，101
ジャングルで先導する斥候と兵士のための SAS 規定（抜粋）　269-71

【カ】

海軍特殊戦開発グループ（DEVGRU） 28
外交　228, 229
回避・敵地脱出の訓練　64-5, 70
隠しカメラ　170, 174, 175
拡大鏡での火熾し　75
格闘術　303-13
　生きのびるための戦い　303
　基本原則　304-5, 308
　脅威のレベル　308
　銃による攻撃　305, 308, 309-13
　ナイフによる攻撃　304-7
　防御訓練　304
　防御の動き　308
隠れ家　160-1, 162
影への配慮　102-3
カサブランカ同時爆弾テロ事件（2003年）250
カダフィ大佐　223
ガブチック、ヨセフ　83
ガマール、アブー　246
カムフラージュ　91, 99, 101, 104-7
　イギリス陸軍全地形型迷彩（MTP）戦闘服　106, 107
　ギリー・スーツ　99, 107, 114, 115, 123
　視覚、第1と第2の　104
　肌　110-1, 118, 287, 289
　米海兵隊MARPAT（マーパット）戦闘服　101, 104
　ヘルメット　105
　理想的な――　107
カラジッチ、ラドヴァン　138-9, 142
ガリッチ将軍、スタニスラヴ　138-9, 140-1, 142
「カール・ヴィンソン」、米艦艇　300, 301
監視
　衛星　10, 212, 213, 217, 219
　隠密　280-1, 284
　作戦段階　166
　市街地　→「市街地の監視」
　視覚のハイテク装置　203-7
　捜査員　166-8
　対抗手段　162-3, 180-1, 187, 192
　テクニック　162-4
　道具、装置　170-1, 174, 175
　尾行　164-6, 168, 175, 178-9
　　フローティング・ボックス・テクニック　178-9, 187, 189
　「尾行車」も参照
監視カメラ　203, 204
「キアサージ」、米艦艇　35
ギシギシの葉　33
旧ユーゴ国際刑事裁判所（ICTY） 138, 140, 142
ギリー（スコットランドの猟場案内人） 98-9, 101, 114, 115
ギリー・スーツ　99, 107, 114, 115, 123
錐もみによる火熾し　75, 77
グアンタナモ湾収容キャンプ　10
クサイ・フセイン　→「フセイン、クサイ」
靴跡　55 「足跡」も参照
クビシュ、ヤン　83, 86
クプレシッチ、ヴラトコ　140, 142
クライペ将軍、ハインリヒ　84-5, 86-7, 89
グル、ハサン　8
クルック中佐、ジョージ・F　81
クレタ島　84-5, 86-7
クレートン＝ハットン、クリストファー　62
訓練　27-9, 35, 38-45, 50-3, 55-8, 59, 61, 64-5, 70
　隠密移動　27
　回避、敵手脱出　64-5, 70
　航空兵　27
　サバイバル　27, 29
　ジャングル　45
　選抜　40, 42, 44, 50, 53
　狙撃手　35, 38-9
　追跡　27, 50
　追跡回避　27
　偵察テクニック　35, 44
　敵地脱出　27, 28, 56, 70, 72
　特殊部隊　→「訓練」「特殊部隊」（独立項目）
　ナビゲーション　→「ナビゲーション」
　待ち伏せ攻撃　41
　料理　35
怪我のふり　21, 65
ゲートウッド中尉、チャールズ・B　81
ケンタッキー　80
コヴァチェヴィチ、ミラン　138-9, 142

航空機
ハンドレページ「ハリファックス」 83
ビーチクラフト「キングエア」350ER 206
ブリテン=ノーマン・「アイランダー」 206
ボーイング E-3「セントリー」 206-7, 209
ボーイング E-8「ジョイント・スターズ」 207
ボンバルディア「グローバル・エクスプレス」 206
ロッキード・マーティン F-16C 248-9, 250, 251
ロッキード・マーティン F-117/A「ナイトホーク」 194
「UAV(無人航空機)」「ヘリコプター」も参照
攻撃 290-2 「待ち伏せ攻撃」も参照
拷問 235, 238-9
国連安全保障理事会
決議 827 号 138
決議 1368 号 2
コナン・ドイル、アーサー 145-6
5 人組 247
「コール」、米艦艇 9
痕跡(足跡) 123-5, 127, 130-1, 150
隠蔽 56
識別と分析 127, 130-1
視点を変える 130
測定 123
走る動作 130
複数の足跡の判定 128
古さ 136
歩行 130
「足跡」も参照
痕跡を見失ったときの手順 132-3
交差状探索法 132, 135
360 度探索法 132, 133
方形探索法 132, 134
コンパス 62, 63
コンパス(手製) 78-9

【サ】

サウジアラビア政府 9
作戦
「クラレット」 87, 88, 89
「砂漠の嵐」 209
「タンゴ」 139, 142
「不朽の自由」 3, 5-8, 10
サッダーム・フセイン →「フセイン、サッダームの探索」
サバイバル用品、避難キット 30-1
サラエボ 140
サン族(ブッシュマン族) 14, 15, 17
ジェロニモ、シャーマン 80-1, 89
シカ 100, 101
市街地の監視 145, 146, 154, 158-9, 162-92
公共交通機関 186, 188, 190-1
溶けこむ 154, 158-9, 166, 168, 187
チームワーク 168, 175
徒歩 187, 189
人目につかない 154, 158-9, 166, 168, 187, 189
変装 168
曲がり角 180-1, 187, 189
市街地の追跡 95, 145-50
足跡 147, 149, 150, 154
追跡回避 149, 150
追跡犬 149-50
街を歩く 92, 95
「犯行現場の捜査」も参照
シギント(信号情報) 10, 212, 215-6
シマウマ 104
地元住民との交流 226-7, 228
指紋の採取 152-3, 154
ジャングルで先導する斥候と兵士のための SAS 規定(抜粋) 269-71
ジャングルでの訓練 45
ジュネーヴ条約(第 3 条約)の条項 232-3, 240
狩猟 13, 14, 15, 17
浄水用品 30
情報、人的(ヒューミント) 223-8
「尋問」も参照
情報機関(英) 219, 223
徽章 222
各情報機関の項目も参照
情報機関(米) 216, 219
徽章 221

各情報機関の項目も参照
情報の判断　228, 235
情報部員による報告の提出　218
食糧採取のための道具　30
ショーニー族（アメリカ先住民）　80, 89
信号(手)　276-9
信号具　30
信号情報（シギント）　10, 212, 215-6
ジンバブエ（旧ローデシア）　22, 24
尋問　8, 234, 235-43
アブー・ムサブ・アルザルカーウィの捜索　244-7
感覚遮断　236, 238-9
拷問　235, 238-9
ジュネーヴ条約（第3条約）の条項　232-3, 240
尋問抵抗（RTI）訓練　50, 230-1, 235, 240
第2次世界大戦中の日本語通訳　237, 240
水責め　234, 235, 240
モラン少佐の報告書　237, 240
尋問官の個人的資質　241-3
意欲　241
機転　242
客観性　243
自制心　243
順応性　243
信頼性　242
注意力　241
忍耐力　242
「第2次世界大戦中の日本語通訳」も参照
スイスアーミーナイフ（十徳ナイフ）　30
水中サバイバル　51
『スカウティングフォアボーイズ』　59
スコットランドのギリー（猟場案内人）　98-9, 101, 114, 115
スターリング、デーヴィッド　99
スターリングラード攻防戦（1943年）　289
ストーキング（静粛歩行）　101
「最終接近」「標的との接触」も参照
セルース、フレデリック・コートニー　23, 24, 91
セルース・スカウト　22, 23, 24, 132, 290
徽章　23
セルビア軍　35
戦術航空図　62
戦闘服、イギリス軍全地形型迷彩（MTP）、106, 107
戦闘服、米海兵隊MARPAT（マーパット）　101, 104
選抜訓練　42-3, 44, 50, 52, 53
早期警戒管制機（AWACS）　206-7, 209
狙撃　99, 114
狙撃訓練　35, 38-9
ソ連軍の狙撃手　289
『ソングライン』　15

【タ】
第1次世界大戦（1914～18年）　99
第2次世界大戦（1939～45年）　212, 219, 228, 237, 240, 255
第2次マタベレ戦争（1896～97年）　21
対監視（尾行）　163, 180-1, 186-7, 189
耐久テクニック　48-9
タイヤ痕　150
ダウル　194, 197, 201
タスクフォース20　192-3
タスクフォース145　244-5, 247
脱出用地図　62
脱走　66, 70
多目的ナイフ、レザーマンツール　30
タリバン　3, 5, 207, 212, 214
ダルエスサラーム米大使館　9, 11
断熱サバイバル・ブランケット　29
チェコ人　82
『知恵の七柱』　50
地図、脱出用　62
チトー元帥　235
チームワーク　168, 175
チャーターハウス・スクール　17
チャーチ大佐、ベンジャミン　17
チャトウィン、ブルース　15
注意を引くもの　108-9
中央情報局　→「CIA」
超小型無人航空機（MAV）　210
追跡　13, 15, 16, 19, 20, 21, 23, 27, 56-9, 61
足跡（痕跡）　55, 59
靴跡　55, 56

市街地　→「市街地の監視」
情報収集　56, 59
ダブル・トラッキング　58, 61, 64
追跡犬　→「追跡犬」
敵地での——　61
にせの痕跡　58, 59, 60, 61, 64, 126
バックトラッキング（後戻り）　126
負傷者　54
追跡回避　27, 50, 56, 61, 64, 146, 149
河川の利用　64
追跡犬　253, 255-62
悪条件　265
好条件　259
市街地の追跡　149-50
ジャーマン・シェパード　255, 257
臭跡の追跡　262, 266
ドーベルマン・ピンシェル　257
能力　263
ラブラドル・レトリーヴァー　255, 256
追跡者　91
追跡者（ヨーロッパ人）　17, 20-1, 23-4
追跡者の思考　91-3, 95, 98
追跡者を惑わす　60
「追跡」「追跡回避」「にせの痕跡」も参照
追跡テクニック（伝統的）　13, 14, 15, 16, 17, 20, 21, 23
追跡棒　116-7, 127
ティクリート　194, 197, 198, 199
偵察テクニック　35, 44
デイトン合意（1995年）　138
溺死防止訓練　51
敵地脱出　65, 70, 72
行動計画　65
注意を引くもの　108-9
溶けこむ　112-3
敵地脱出チャート（EVC）　62
テクノロジー資産　203-12
CCTV（閉回路テレビ）　203, 204
衛星監視　212, 213, 217, 219
音声監視装置　203
監視カメラ　203
航空監視　206-7, 209 「UAV（無人航空機）」も参照
熱画像装置　203, 205
目視監視　203-5
UAV　→「UAV（無人航空機）」
手信号　276-9
「テロとの戦い（世界規模の）」　3, 5, 11, 237
伝統的手法のマンハント　80-7, 88, 89
クライペ将軍　84-5, 86-7, 89
ジェロニモ　80-1, 89
タイムライン　89
ダニエル・ブーンと娘のジェマイマ　80, 89
ボルネオの英SAS　87, 88, 89
ラインハルト・ハイドリヒとSOE　81-3, 86, 89
統合作戦図（JOC）　62
動物用の罠　17
毒　15
特殊部隊　21, 122
訓練　27-9, 35, 40-1, 42, 48, 55, 64
英SAS　28, 44, 50
米海軍特殊部隊シールズ　51, 52, 53, 55
時計によるナビゲーション　71
トラボラの洞窟群　5-8, 11
ドルリャチャ、シーモ　138-9, 142

【ナ】

ナイフ、スイスアーミー（十徳ナイフ）　30
ナイロビ米大使館　9, 11
ナビゲーション　70, 73, 78-9
影と時間によって方位を知る　72, 74
時計による　71
星による　72, 73, 77
臭い（匂い）　120, 289
2001年9月11日同時多発テロ　2, 3, 4, 9, 10, 11, 215, 216
ニューヨーク世界貿易センター　2, 11, 215, 216
忍耐力　15
熱画像装置　203, 205

【ハ】

ハイダル、アブー　251
ハイドリヒ、ラインハルト　81-3, 86, 89
葉、ギシギシの　33
パキスタン軍統合情報局（ISI）　10, 11

パキスタンの特殊部隊　10
バグダード　194, 195, 198, 245
ハサン・グル　→「グル、ハサン」
バース党　194-5
バスラ　194, 198
バーソロミュー　62
バードウォッチング　93, 95
バーナム、フレデリック・ラッセル　20-1, 24, 64, 91, 98
バニャルカ　139, 140
ハリド・シェイク・ムハンマド　→「ムハンマド、ハリド・シェイク」
犯行現場の捜査　150-4
　指紋の採取　152-3, 154
　タイヤ痕　150
　犯行現場の管理　150, 151, 154
　「足跡」の「市街地」も参照
万能食用テスト　32-3
火打ち石（点火具）　75, 76
火熾し　29, 75, 76, 77
尾行車　172-3, 175-80, 185
　FBIの改造車　172-3
　FBIの張りこみ戦術　176-7
　隠密性を高める　175
　テール・ライト　175
　張りこみ　176-7
　「監視」も参照
火鋤　75, 76
人に仕掛ける罠　15, 17
ヒトラー、アドルフ　86
「避難キット」　28, 30-1
　「脱走」も参照
ヒューミント（人的情報）　223-8
　「尋問」も参照
ヒョウ　104
標的との接触　253-93
　観察と待機　284, 286
　攻撃　290-2 「待ち伏せ攻撃」も参照
　最終接近　253, 268, 270-4, 276-9, 280-1, 285
　　環境音にまぎれる　274, 280
　　高姿勢匍匐　271, 272-3, 274
　　静止　274
　　接近ルートの計画　286, 289
　　中腰のストーキング　270, 272-3
　　低姿勢匍匐　272-3, 274
　　手信号　276-9
　　物音をたてない　280-1
　射撃陣地　282-3
　接近ルートの計画　253, 254, 286, 289
　追跡犬　→「追跡犬」
　予測しながら標的を追う　253, 255
ビン・ラディン、オサマ
　経歴　9
　捜索　2-3, 5-8, 10, 15, 17, 53, 107, 146, 160, 162-4, 166, 209, 220, 240, 268, 294-301
　　アボッターバードの屋敷　160, 162, 163, 166, 209, 220, 296, 298-9, 300, 301
　　危機一髪　297
　　殺害　300
　　シールチーム6　294-7, 298, 300
　タイムライン　11, 301
ビン・ラディン、ムハンマド　9
フィリップス船長、リチャード　294
フェンスを乗り越える　68, 70
武器
　AIM-9「サイドワインダー」ミサイル　212, 214
　LAW軽対戦車火器（口径66ミリ）　47
　槍　18
　弓矢　15
複数の足跡の判定　128-9
フセイン、ウダイ　195, 198
フセイン、クサイ　195, 198
フセイン、サッダームの探索　180, 192-3, 194-5, 240
　潜伏場所　197, 200-1
　タイムライン　198
　タスクフォース20　194-5
　発見　194, 197, 198, 201
　マドックス軍曹、エリック　195, 199
ブッシュ、ジョージ・W　192
ブッシュマン族、アフリカ南部（サン族）　14, 15, 17
ブラヴォー・ツー・ゼロ　46-7
ブラウン、ジョン　98
ブラックベリー　33
ブラック・マウンテンズ　44

プラハ、ホレショヴィチ通り　82-3, 86
フランスの特殊部隊　9
プリイェドル　139
フレイザー、サイモン、第14代ロヴァット領主　99
ブレコンビーコンズ　28, 44, 50
ブーン、ジェマイマ　80, 89
ブーン、ジェームズ　80
ブーン、ダニエル　80, 89
米海軍シールズ　28, 51, 52, 53, 55
　海軍特殊戦準備校　53
　海軍特殊戦センター　53
　基礎水中破壊工作訓練／シールズ（BUD/S）訓練コース　53
　資格訓練（SQT）　53, 55
　シールチーム6（海軍特殊戦グループ、DEVGRU）　162, 220, 245, 294-7, 300-1
　選抜訓練　52, 53
　「ヘル・ウィーク」　52, 53
米海兵隊　35
　第24海兵機動展開隊（特殊戦に投入可）　35
　武装偵察中隊（フォース・リーコン）　28, 35, 40
　米海兵隊MARPAT（マーパット）戦闘服　101, 104
米空軍
　第24特殊戦術飛行隊　28
　第100戦略偵察航空団　210
米大使館、ダルエスサラーム とナイロビ　9, 11
米対テロ追撃チーム（CTPT）　220
米統合特殊作戦コマンド（JSOC）　245, 294
　徽章　244
米特殊部隊　8, 17, 139, 198, 201, 209, 245
　第1特殊作戦部隊分遣隊D（デルタ）　28, 245
　第5特殊部隊グループ（空挺）　5
　各部隊の項目も参照
米陸軍
　第4騎兵隊B小隊　81
　第10騎兵連隊G小隊　198, 201
　第101空挺師団第2旅団　195
　第160特殊作戦航空連隊　5, 245
　第720憲兵大隊　199
　フィールド・マニュアル——回避・敵地脱出　65
　フィールド・マニュアルFM 34-52　241-3
米レンジャー部隊　17
　第75連隊　28, 245
　「ロジャーズ・レンジャーズ」も参照
ベーデン＝ポーエル、ロバート　17, 20-1, 24, 59
ベトナム戦争（1955～75年）　210
ヘリコプター
　シコルスキーMH-60「ブラックホーク」　297, 298, 300
　ボーイングMH-47「チヌーク」　297, 300
　ボーイング「チヌーク」　139
ベルゲン（背嚢）の重量　44
ヘルメットのカムフラージュ　105
ペン・イ・ファン　44
ボーア人　17, 21, 65
ボーア戦争（1880～81年、1899～1902年）　17, 25, 65, 98
ボーイスカウト（スカウト運動）　13, 17, 19, 20, 98-9
星を利用するナビゲーション　70, 72, 73
ボスニアのセルビア人　138
ボスニア＝ヘルツェゴビナ　138, 139, 143
ホッキョクウサギ　104
北極星（ポラリス）　72
ホームズ、シャーロック　145-6
捕虜にかんするジュネーヴ条約（第3条約）——の条項　232-3, 240
ボルネオ　87, 88, 89

【マ】

マクリーン、フィッツロイ　235
マクレヴン海軍中将、ウィリアム　199, 297
マタベレ族　20, 24
待ち伏せ攻撃　17, 284, 286, 291 「攻撃」も参照
待ち伏せ攻撃の訓練　41
街を歩く　92, 95
松の実　33
マドックス軍曹、エリック　193, 199

マドリード列車爆弾テロ（2004年） 215
マラヤ動乱 228
水責め 234, 235, 240
水のある場所 36-7
南十字星 75, 77
ミュラー将軍、フリードリヒ＝ヴィルヘルム 86
ミロシェヴィッチ、スロボダン 138
「民心獲得」工作 228
ムハンマド、ハリド・シェイク 8, 10, 11
ムハンマド・イブラヒーム →「イブラヒーム、ムハンマド」
ムハンマド・ビン・ラディン →「ビン・ラディン、ムハンマド」
ムラディッチ、ラトコ 138, 142-3
ムリモ族長 20
メッカ 9
モス大尉、ウィリアム・スタンリー 86
モスル 195
物音をたてない 280-1
モラン少佐、シャーウッド・F 235, 237
モンバサのパラダイス・リゾートホテル 11

【ヤ】
野外追跡の基本 91-101, 104, 107, 115-36
　移動で運ばれたもの 119
　動き、移動 109, 118
　隠密行動 99, 101
　影 118, 122
　観察のテクニック 91
　痕跡 123-7
　シカの警戒 98, 100, 101
　自然に対する直観と感覚 91-5, 98
　地面の「痕跡」 123-7
　上方痕跡（トップ・サイン） 123
　心身の鍛錬 95, 96
　ストーキング（静粛歩行） 101
　注意を引くもの 108-9, 289
　手がかりの捜索 97
　臭い 120, 289
　反射 118, 289
　必要なテクニック 91
　街を歩く 92, 95
　「足跡」「隠蔽」「カムフラージュ」「痕跡」も参照
野生リンゴ 33
ユーゴスラヴィア 138
ユーゴスラヴィア人民軍（JNA、旧） 138
ユーゴスラヴィアのパルチザン 235
ユーゴスラヴィア紛争の戦犯捜索 138-9
　クプレシッチ、ヴラトコ 140
　スタニスラヴ・ガリッチ将軍 140-1
　タイムライン 142
　「タンゴ」作戦 139, 142
　ラドヴァン・カラジッチ 138, 142, 143
　ラトコ・ムラディッチ 138, 142, 143
『四つの署名』 146
ヨーロッパ人の追跡者 →「追跡者（ヨーロッパ人）」

【ラ】
ライアン軍曹、クリス 46-7, 48-9
ラジャ、アブー 247
ラムジ・ビン・アルシブ 8, 10, 11
リディツェ村 86
リー＝ファーマー少佐、パトリック 86
略号（英） 182-5
料理 35
レザーマンツール多目的ナイフ 30
連合軍 194
ロヴァットの第14代領主、サイモン・フレイザー 98
ロジャーズ・レンジャーズ 258-9
ローズ、セシル 23
ローデシア（現ジンバブエ） 22, 24
ローデシアの対反乱マニュアル 284, 286
ロートン大尉、ヘンリー 81
ロバーツ元帥 20
ロレンス、T・E 50, 228
ロンドン同時爆破テロ（2005年） 215
ロンドンのイラン大使館占拠事件（1982年） 161

【ワ】
ワトソン博士 146
罠（動物） 15
罠（人間） 15, 17

◆著者略歴◆
アレグザンダー・スティルウェル（Alexander Stilwell）
軍事アナリストとして長年活躍。著書に、『SAS・精鋭部隊実戦訓練マニュアル』『戦場の特殊部隊』『SAS・特殊部隊式図解危機脱出マニュアル』、共著に、『ヴィジュアル版世界の特殊部隊』（いずれも原書房）などがある。「インターナショナル・ディフェンスレビュー」のレギュラー執筆者である。イギリスのロンドン近郊在住。

◆訳者略歴◆
角敦子（すみ・あつこ）
1959年、福島県会津若松市に生まれる。津田塾大学英文科卒。訳書に、アレグザンダー・スティルウェル『SAS・精鋭部隊実戦訓練マニュアル』、米海軍『ネイビー・シールズ実戦狙撃手訓練プログラム』、ナイジェル・カウソーン『世界の特殊部隊作戦史1970-2011』（以上、原書房）がある。恋愛、歴史などノンフィクションの訳も手がけている。千葉県流山市在住。

SAS・特殊部隊《とくしゅぶたい》
図解追跡捕獲実戦《ずかいついせきほかくじっせん》マニュアル

2013年10月10日　第1刷

著者………アレグザンダー・スティルウェル
訳者………角敦子《すみあつこ》
装幀者………川島進（スタジオ・ギブ）
本文組版・印刷………株式会社精興社
カバー印刷………株式会社精興社
製本………東京美術紙工協業組合

発行者………成瀬雅人
発行所………株式会社原書房
〒160-0022　東京都新宿区新宿1-25-13
電話・代表03(3354)0685
http://www.harashobo.co.jp
振替・00150-6-151594
ISBN978-4-562-04944-8